LA
GASTRONOMIE
EN RUSSIE

PAR

A. PETIT,

CHEF DE CUISINE DE SON EXCELLENCE MONSIEUR LE
COMTE **PANINE**, MINISTRE DE LA JUSTICE.

PARIS

CHEZ L'AUTEUR, 18, RUE MARTEL.

Dépôt, chez **M. TROTTIER**, fabricant de moules,
4, RUE SAINT-HONORÉ.

EMILE MELLIER, LIBRAIRE-ÉDITEUR,
17, RUE PAVÉE SAINT-ANDRÉ DES ARTS.

1860

LA

GASTRONOMIE EN RUSSIE.

Tout exemplaire non revêtu de ma signature sera considéré comme contrefaçon.

LA
GASTRONOMIE
EN RUSSIE

PAR

A. PETIT,

CHEF DE CUISINE DE SON EXCELLENCE MONSIEUR LE
COMTE PANINE, MINISTRE DE LA JUSTICE.

PARIS

CHEZ L'AUTEUR, 18, RUE MARTEL.

Dépôt, chez **M. TROTTIER**, fabricant de moules,
4, RUE SAINT-HONORÉ.

ÉMILE MELLIER, LIBRAIRE-ÉDITEUR,
17, RUE PAVÉE SAINT-ANDRÉ DES ARTS.

1860

PRÉFACE

———

Dans le but d'être utile à mes confrères, qui, tous, sont susceptibles un jour ou l'autre d'entrer au service d'une famille russe, et en même temps voulant mettre à profit l'expérience acquise par douze années de travail en Russie, j'ai résolu de traiter spécialement, sous le titre de *Gastronomie russe*, un résumé de tout ce qui s'y prépare en fait de mets nationaux. On a jusqu'à ce jour écrit tour à tour sur la cuisine espagnole, italienne, allemande, etc., mais jamais rien de complet quant à la cuisine russe; et pourtant chacun sait combien de seigneurs russes qui voyagent en Italie, en Allemagne, en Suisse et en France, seraient très-heureux de pouvoir, de temps en temps, se faire servir quelques-uns de ces mets nationaux auxquels ils ont dû, jusqu'à présent, renoncer totalement, faute d'avoir quelqu'un sous la main qui ait déjà travaillé en Russie.

Ainsi, ce livre deviendrait donc d'une grande utilité pour tous les cuisiniers qui, comme je l'ai observé plus haut, peuvent un jour ou l'autre entrer au service de familles russes, qui, du reste, ont toujours recherché et recherchent encore les bons cuisiniers français; il deviendra de même indispensable pour les propriétaires d'hôtels et restaurateurs des pays les plus ordinairement fréquentés par les voyageurs russes, tels que Paris, Berlin, Nice, Florence, Rome, Naples, etc., etc.

Je crois devoir prendre l'initiative afin de prévenir le jugement de plusieurs de mes confrères, habitant depuis longtemps la Russie, en faisant observer que je donne ici les recettes essentiellement nationales, c'est-à-dire dans toute leur simplicité, libre à chacun d'y faire quelque modification dans leur exécution, comme beaucoup ont déjà fait; il ne faudrait pourtant pas en abuser, car l'on finirait par en dénaturer entièrement la nationalité.

Jusqu'à présent, ceux de mes confrères qui ont été engagés pour la Russie, ont éprouvé, ainsi que moi, à leur arrivée, de très-grandes difficultés dans leur travail faute de connaître la langue, soit pour l'achat de leurs provisions, soit pour commander les aides qu'ils ont sous leurs ordres. Eh bien ! je crois avoir trouvé le moyen de lever ces difficultés en ajoutant, comme complément à cet ouvrage, un vocabulaire alphabétique de tous les mots employés dans la cuisine, avec leur prononciation en russe en regard ; l'on y trouvera le nom de toutes les provisions de bouche en général, ainsi que de tous les ustensiles, et aussi les termes techniques de l'art culinaire.

Enfin, pour dernier complément, j'ai donné un aperçu de chaque espèce de provisions, avec les adresses où l'on peut se les procurer à Saint-Pétersbourg.

Par ce moyen, un cuisinier arrivant à Saint-Pétersbourg ou à Moscou, et même dans l'intérieur de la Russie, muni de cet ouvrage, ne sera pas plus embarrassé que celui qui y aurait déjà résidé quelques années.

Si, par ce travail, je puis rendre service à mes confrères et en même temps être agréable aux seigneurs russes voyageant à l'étranger, j'aurai atteint le but constant de mes efforts pour produire un ouvrage qui manquait jusqu'alors.

A. PETIT.

REMARQUES

SUR LA

GASTRONOMIE RUSSE.

———————

Je ne m'étendrai pas sur le Service à la Russe, comparé au Service à la Française, vu que ce sujet vient d'être déjà savamment traité par MM. Dubois et Bernard ; mais je m'attacherai seulement à donner ici quelques détails relativement à certaines provisions spéciales de la Russie, ainsi que quelques instructions sur les usages relatifs au maigre, avec et sans poisson, observé strictement dans toutes les maisons russes. (A cet effet, j'ai composé une série de menus en maigre,) ainsi que pour la table de la nuit de Pâques, etc., etc.

Il y a en Russie une infinité d'articles gastronomiques qui ne se trouvant pas autre part, rendent quelquefois difficile la confection de certains mets nationaux ; mais cette difficulté tend à être totalement nulle d'ici à peu de temps, par la facilité de transport qui va nous être offerte après l'exécution des chemins de

1.

fer russes, dont les travaux se poursuivent avec une merveilleuse activité ; c'est alors que ce livre deviendra pour ainsi dire un ouvrage indispensable, puisque l'on pourra se procurer, en peu de temps et de bonne qualité, les provisions que l'on ne trouve pas autre part qu'en Russie, et qui ne peuvent rester longtemps en route sans risquer d'être totalement détériorées tels que sterlets vivants, gélinotes, kaviar, etc.

On reçoit à Saint-Pétersbourg des provisions de l'intérieur de la Russie par voie d'eau en été, par le traînage en hiver, et par mer de l'étranger, principalement par le port de Cronstadt, pendant la navigation, c'est-à-dire du commencement de mai jusqu'à la fin d'octobre. Les comestibles provenant de l'étranger, tels que fruits frais et secs. Toute espèce de conserves de légumes et fruits, homards, huîtres, pâtés de foies gras, divers fromages, jambons anglais et de Westphalie, truffes, vins et liqueurs, sauces anglaises, etc., etc., se trouvent en général chez tous les épiciers de la capitale, mais particulièrement et de première qualité aux magasins des Miloutines, perspective de Newski et chez les marchands Eliseïeff, Smouroff, Wiouschine et Babikoff.

Quant aux provisons du pays ; telles que boucherie, volaille et gibier, poisson, farine et grains, légumes, épiceries, beurre, œufs, lait et crème, voici quelques instructions qui pourront, je l'espère, être de quelque utilité aux cuisiniers qui viendront en Russie.

VIANDE.

(Miaço.)

La viande de bœuf est généralement assez belle et de bonne qualité, quoique un peu moins nutritive qu'en France. On en livre à la consommation deux espèces, le bœuf circassien (*Tscherkaski gawadine*) et le bœuf russe (*Rousski gawadine*), le premier est généralement le plus estimé. Ces viandes sont détaillées et vendues par les bouchers, en trois catégories, autrement dit 1re 2e et 3e sorte, dont les prix sont fixés par une taxe affichée dans chaque boucherie (1), et qui elle-même varie selon la saison; l'aloyau, la culotte, la côte et la sous-noix comprennent la première sorte; la poitrine, l'épaule et les jarrets ou gîtes, la deuxième; quant aux autres parties qui composent la troisième sorte, je m'abstiens d'en faire mention, ainsi que de la viande gelée qui se vend depuis le 15 octobre jusqu'au printemps; car ces deux qualités de viande ne doivent, sous aucun prétexte, entrer dans une bonne cuisine.

L'on trouve aussi chez les bouchers : des langues,

(1) Je ne puis m'empêcher, en passant, d'appeler l'attention de la Commission de salubrité relativement à l'incurie qui existe dans la majeure partie des boucheries; cette branche de commerce faisant partie essentielle de l'alimentation, il serait à désirer qu'avec le temps l'on y institue des boucheries à l'instar de Paris.

culottes de bœuf, ronds de bœufs et faux-filets salés d'une assez bonne qualité, ainsi que le lard salé, poitrine et jambons fumés.

Le veau vient ordinairement des environs de Saint-Pétersbourg, mais le meilleur et le plus beau est celui que l'on reçoit de Moscou : il n'y a pas de taxe quant au prix, il se vend à la livre ou au morceau, au gré de l'acheteur, et le prix varie selon la qualité. La tête, pieds, cervelles, ris, foies, rognons, amourettes, se trouvent chez le boucher, il n'y a pas de marchands d'abats.

Il y a trois espèces de mouton : 1° *Tschèrkasski*, 2° *Ordienski* et 3° *Rousski* ; la première espèce est très-recherchée, elle est grosse et de bonne qualité ; la seconde est un peu plus maigre, mais comme goût elle peut rivaliser avec la première ; quant à la troisième, la chair est sèche et de mauvais goût. Le prix n'est pas non plus taxé, il varie selon la qualité et la quantité des arrivages. Ils sont amenés vivants de mai à septembre, les premiers de Nowotscherkasski ou du Don, les seconds des steppes Bessarabiennes et Kirguises, enfin les troisièmes des environs de Saint-Pétersbourg ; ils sont détaillés et vendus par morceau au gré de l'acheteur. Quant aux abats de mouton, comme l'on n'y attache aucune importance en Russie, les personnes qui en désirent, sont obligées de les commander d'avance. L'on trouve de l'agneau dans la saison, mais trop petit pour pouvoir en tirer un bon parti.

Le porc se vend aussi chez les bouchers d'après la taxe ; il est ordinairement de très-bonne qualité, ainsi que les petits cochons de lait, qui sont assez recherchés par les gourmets russes. L'on peut facilement se procurer du sang, des boyaux, de la crépine, des couennes fraîches, des pieds, des hures, etc., etc.

Toute l'année, et généralement dans l'hiver, il y a à Saint-Pétersbourg des colporteurs, dits *raznoschiks*, qui vendent des filets de bœufs, des carrés de veau et de mouton d'assez bonne qualité.

VOLAILLE ET GIBIER.
(Kouretnaïa i Ditsch.)

L'on trouve des marchands de volailles et gibier dans tous les marchés de la ville, mais le marché qui, sans contredit, est le mieux approvisionné sous tous les rapports, est le schoukinome Dwor : l'on y trouve en très-grande quantité toute espèce de volaille, et gibier à plumes et à poil, frais ou gelés (1),

(1) Une des particularités de la Russie, est l'extrême habileté avec laquelle les marchands de volaille conservent pendant toute l'année, dans leurs glacières, les volailles et gibier gelés, ainsi, par exemple, dans les plus grandes chaleurs de juin et juillet, ils peuvent fournir la quantité que vous désirerez, de provisions gelées depuis cinq mois, sans qu'elles aient pour cela perdu de leur qualité. Je ne prétends pourtant pas par cela donner une préférence à ces dernières ; il est incontestable que les volailles ou gibier qui n'ont pas été gelés sont plus succulents.

selon l'époque, j'en donne ci-après la description avec les époques où l'on peut se procurer facilement chaque espèce.

POULARDES ET CHAPONS.
(Pouliarka i Kaploune.)

Généralement de très-bonne qualité ; les meilleurs sont ceux qui proviennent des gouvernements de Rostoff et Wologda : dès le mois d'avril, l'on a des jeunes poulardes et chapons, et jusqu'au mois d'août ; ces derniers sont élevés en grande partie par des paysans de Grafiski Slavenka et se vendent très-cher. De novembre à avril, l'on trouve peu de volaille fraîche ; mais en revanche, l'on peut s'en procurer instantanément par milliers, mais gelés, et malgré cela de très bon goût.

DINDES (*Inediouk*). Les meilleurs proviennent de la Finlande et de Courlande, on en trouve toute l'année, ainsi que des dindonneaux (*maladoï kalkounye*).

PIGEONS (*Goloubi*) se servent très-rarement sur les tables des familles russes. L'on peut s'en procurer toute l'année.

OIES (*Gouçe*) proviennent généralement des gouvernements environnant Saint-Pétersbourg ; de très-bonne qualité. L'on vend séparément les abattis (*potroka*).

POULES (*Koure*). Il y en a de deux sortes, celles des environs de Saint-Pétersbourg et celles apportées des gouvernements de Rostoff. Les premières sont préférables, vu que les dernières sont toutes apportées gelées.

POULETS (*Tziplionok*). On peut se procurer des petits poulets nouveaux au mois de janvier, très-petits et très-chers. Leur prix diminue graduellement jusqu'à l'automne. De novembre à mai, il en est de même pour les poulardes.

CANARDS (*Outki*), de bonne qualité et frais de mai à septembre; gelés de novembre à mai.

CANARDS SAUVAGES (*Outki dikye*). Ils sont rares, chers et rarement bons.

FAISANS (*Fazanye*). On en trouve d'excellents provenant quelquefois de Bohême, mais généralement du Caucase ou d'Astrakan, de novembre à avril.

CAILLES (*Perepiolki*). Les meilleures proviennent ordinairement des gouvernements de Toul et Koursk. On peut à certaines époques les acheter vivantes. Elles sont en général de très-bonne qualité. En hiver, elles sont encore très-bonnes quoique gelées.

PERDREAUX GRIS (*Kourapatki siéri*). Proviennent des steppes du gouvernement de Kasan, mais en majeure partie, ils sont apportés des environs de Saint-Pétersbourg. On peut s'en procurer toute l'année, mais plutôt gelés qu'autrement.

PERDREAUX BLANCS (*Kourapatki Biélye*). Cette espèce

est très-ordinaire et ne peut guère servir que pour des fumets de gibier ou farce ordinaire. Ils proviennent en partie d'Arkhangel.

GÉLINOTES (*Riapschik*). La gélinote est sans contredit le gibier qui joue le plus grand rôle dans la gastronomie russe ; elles sont apportées par milliers au moment du traînage, principalement des gouvernements de Wologda, Arkhangel et Kazan, et l'été par les chasseurs des environs de Saint-Pétersbourg : celles qui arrivent l'hiver, sont ordinairement divisées en trois sortes, celles de première sorte sont bien grasses et blanches, et les filets ne sont pas entamés par le plomb ; celles-là sont employées de préférence pour rôts ou salmis ; la seconde sorte dont les cuisses et les reins sont rompus, est employée pour les entrées de filets, et enfin la troisième sorte pour soufflés ou farces. Elles sont très-bien conservées gelées chez les marchands de volaille, ce qui fait que l'on peut en avoir toute l'année.

COQS DE BRUYÈRE, COQS DE BOIS (*Téterew, Gloukhari*). Ces deux espèces sont dans le moment de la chasse apportées par les chasseurs des alentours, et l'hiver ils arrivent gelés pour la plupart du gouvernement de Kazan.

BÉCASSES (*Bekasse*), BÉCASSES DE BOIS (*Waldschnepff*). Doubles (*Doupélé*). Ces trois espèces de gibier sont très-recherchées des gastronomes russes, principalement les Doubles. Pendant le moment de la chasse, l'on peut s'en procurer de parfaite qualité ; de novembre à avril, on ne peut les avoir que gelées, mais d'une parfaite conservation.

Grives (*Drosdié*). Pendant l'été, elles proviennent des environs, et pour l'hiver, elles sont apportées gelées de Moscou.

Outardes (*Drakwa*). L'on en trouve très-rarement et elles sont généralement peu estimées, le peu que l'on voit, provient de la Bessarabie ou des marais du Dniester.

Il y a encore une série de petits gibiers qui ne tiennent dans la gastronomie qu'un rang très-secondaire, et que l'on ne voit que de loin en loin, tels que les allouettes (*Jawaronoke*), barges (*Koulikis*). Quelques espèces d'ortolans nommés (*Awscienki*, *pessoschniki*, *padarojniki*), étourneaux (*Skwarzie*), fauvettes (*Trawniki*). L'on se sert quelquefois de ces petits oiseaux pour garnitures de rôts, mais ils sont en général très-peu recherchés.

Élan (*Losse*). La chair a quelque analogie avec le chevreuil, quoique un peu plus ordinaire ; on le reçoit l'hiver du Caucase ou de Kasan. On se sert du cuisseau et de la selle que l'on fait mariner.

Sanglier (*Wepre*). On en voit très-rarement, et le peu qui arrive à Saint-Pétersbourg, provient des gouvernements de Grodno et Minsk.

Chevreuil. (*Kassouli*). Très-estimé des gastronomes ; se vend chez les marchands de volaille par pièce ou entiers, de novembre à mai. Ils proviennent en partie du Caucase.

LIÈVRES (*Zaïetze*). Il y en a toute l'année, gelés ou non, des blancs et des gris ; ils sont en général très-peu estimés.

OURS (*Médwéde*). L'on trouve plus particulièrement chez les charcutiers des jambons et pattes d'ours. Les gourmets en font un grand cas.

CRÊTES (*Gribischki*). Se vendent en hiver ; elles sont en général très-belles. Elles viennent gelées des gouvernemens de Rostoff et Wologda.

POISSONS.

(Riba.)

Le poisson se vend à Saint-Pétersbourg, dans des grandes barques qui se trouvent sur les différents canaux qui traversent la ville. L'on trouve chez ces marchands le poisson vivant, le poisson gelé (en hiver), et le poisson salé, le vesiga (1), la colle de poisson et le caviar.

STERLETS (*Sterlédié*). Le sterlet est le poisson le plus estimé en Russie et en même temps le plus cher, puisqu'il y en a qui coûtent jusqu'à 75 roubles (300 francs) ; du reste le prix varie selon la grosseur et la qualité ; on reconnaît leur supériorité à la nuance

---

(1) Nerf de l'épine dorsale de l'esturgeon dont on se sert pour garnir les pâtés russes dits Koulibiaks.

jaune du ventre ; on les achète vivants toute l'année aux barques, qui en font une énorme provision pour l'hiver, ils les reçoivent ordinairement du Volga jusqu'à la fin de septembre. Il y a une autre espèce de sterlets (dits *kostioutschka*), d'une qualité inférieure et par cela même d'un prix bien moins élevé, ceux-ci viennent du lac de Ladoga ; on les reçoit de même en été jusqu'aux premières gelées : quant aux sterlets gelés, qui viennent en partie de l'Oural, ils se vendent à la livre et ne sauraient être employés dans une bonne cuisine.

ESTURGEON (*Açétrine*). On les reçoit vivants et d'excellente qualité du Ladoga ; ceux que l'on reçoit gelés proviennent ordinairement du Don, d'Astrakhan, de l'Oural et de Simbirsk. On le vend aussi salé pendant le Carême.

SAUMON (*Lassosse*). Le meilleur saumon que l'on mange est celui de la Newa, du 15 juillet au 15 août ; du reste on peut s'en procurer toute l'année, gelé ou non, salé ou fumé ; pour ce dernier, on le trouve plutôt chez les charcutiers ou épiciers. Les meilleurs saumons fumés proviennent de Riga.

LAVARET (*Sigui*). Les meilleurs proviennent du Ladoga. Ce poisson est en général très-estimé ; il a quelque ressemblance avec l'alose ; on peut en avoir aux barques de vivants toute l'année, ainsi que salés et fumés : ces derniers chez les charcutiers et épiciers.

SOUDAC (*Soudac*). Très-estimé en Russie, il a beaucoup de rapport avec notre merlan ou cabillaud et le schill du Danube : on en peut avoir de vivants toute l'année.

TRUITE SAUMONÉE (*Laksforelle*). Toute l'année on peut en avoir de vivantes aux barques ; elles proviennent des lacs les plus rapprochés de Pétersbourg. On les reçoit en été, par la communication des canaux, et l'hiver on les amène dans des grands tonneaux d'eau construits à cet effet.

TRUITES DE GATSCHINA (*Gatschinski Forelle*) Petites truites très-délicates, provenant en général d'une villa impériale voisine de Pétersbourg (Gatschina). On en reçoit des vivantes toute l'année.

Balieke Beloribitza, Belouga, Sevriouga, Tiotschka, poissons originaires de la Russie dont quelques-uns sont de la famille des esturgeons. On ne les reçoit qu'en hiver et par conséquent gelés ; ils proviennent en partie d'Arkangel, d'Astrakhan et de l'Oural.

CARASSINS (*Karassi*). Sorte de poisson de petite espèce assez recherchée en Russie ; on les reçoit vivants des environs de Pétersbourg. En hiver on les expédie gelés d'Astrakhan et Saratoff.

CARPES (*Karpe*). Elles sont assez rares ; le peu que l'on reçoit des alentours viennent de mai à octobre.

ANGUILLES (*Ougri*). De même que les carpes.

BROCHET (*Schouke*). On en fait généralement peu de cas en Russie, et avec raison ; car il est effectivement mauvais.

Éperlans (*Koriouschki*). L'on en reçoit d'excellents et vivants de mai à juillet; ils proviennent en partie du Ladoga : de novembre à avril, il y en a quelquefois de très-beaux, mais gelés. On en trouve des fumés chez les épiciers.

Morue (*Labardane*). On en reçoit d'assez bonne en hiver d'Astrakhan.

Tanches (*Linnye*). Elles sont assez rares ; celles que l'on reçoit sont apportées vivantes du lac d'Illmen, été comme hiver.

Perches (*Okouni*). Il y en a de vivantes toute l'année, de mer et de Nowogorod.

Brêmes (*Leschi*). Les meilleures sont celles du lac de Ladoga et de Nowogorod ; on peut en avoir des vivantes en toute saison.

Navagas. Poisson que l'on ne reçoit que gelé d'Astrakhan ; il est assez recherché par les gourmets ; de novembre à février.

Lottes (*Nalime*). On peut se les procurer vivantes toute l'année ; les marchands de poisson vous livrent les foies autant que l'on en désire, ils les vendent à la livre : la majeure partie vient de Louga.

Goujons (*Piscari*). On s'en procure très-difficilement à Saint-Pétersbourg, mais en revanche ils sont abondants et délicieux à Moscou.

Riapouschka. Espèce de petit poisson que l'on trouve le plus fréquemment dans la Néwa, et les lacs de Ladoga et d'Onéga, d'avril en septembre. On en trouve de fumés chez les épiciers.

CHABOTS (*Sniatkis*). Tout petits poissons dont on se sert le plus ordinairement dans le Carême pour le stschi-maigre, et dans la semaine de carnaval pour les blinis; ils se vendent à la livre, et sont ordinairement expédiés en hiver de Pskoff.

MORUE SÈCHE ou MERLUCHE (*Treska*). Peu recherchée; elle provient ordinairement d'Arkhangel.

KILKIS. Petits poissons marinés à Rével, qui en a la renommée, ils servent pour hors-d'œuvre.

LAMPROIES. (*Minoguis*). On les reçoit vivantes en été, mais elles sont très-rares; elles sont marinées à Narwa et expédiées dans toute la Russie. On les sert pour hors-d'œuvre.

ÉCREVISSES (*Raki*). On peut s'en procurer en tout temps et en grande quantité. Les meilleures proviennent de la Finlande.

GOUJONS-PERCHES (*Ierchis*). Petits poissons très-estimés en Russie; on en trouve toute l'année de vivants; ils proviennent en majeure partie du lac de Ladoga.

Dans les barques des marchands de poisson, l'on trouve encore le vesiga, la colle d'Esturgeon, et les différents caviars, tels que caviars d'esturgeon frais et sec (dit *païsnaï*) caviar de sterlet et de sigui. Ces deux dernières sortes de caviars sont naturellement très-chères, et l'on ne peut s'en procurer que très-diffici-

lement. Il se trouve pourtant quelques amateurs qui
en commandent d'avance aux marchands de poisson,
qui tuent sterlets ou siguis pour les satisfaire. Le caviar de sterlet ne coûte pas moins de 50 fr. la livre ;
celui de siguis naturellement coûte bien moins cher.
Quant à celui d'esturgeon, il s'en fait une très-grande
consommation en Russie, principalement dans la semaine du carnaval, où on le mange avec les blinis. Il
arrive ordinairement par barils, à Saint-Pétersbourg,
expédié généralement d'Astrakhan et de l'Oural. Il y
a sur les canaux de Saint-Pétersbourg de 30 à 35 barques de marchands de poisson ; je citerai entr'autres
celle du marchand Goloubine, au pont Siméonsky
comme une des mieux approvisionnées.

FARINES ET GRAINS.
(Mouka i Kroupa).

Il y a en Russie des magasins spéciaux appelés La-
baznié Lawki, où l'on trouve toute espèce de farine et
grain tels que gruau, sarrazin, seigle, avoine, millet,
sel, etc., etc.

LÉGUMES.
(Zelennoï).

L'on peut se procurer tous les légumes en général,
et même, depuis quelques années, les fruitiers riva-

lisent à qui livrera le plus tôt des primeurs à la consommation ; c'est ainsi que déjà en avril l'on voit
chez eux exposés en vente des petits pois mangetout,
dits *stroutchkis,* des haricots verts, ogoursis frais, épinards, oseille, salades, cerfeuil, estragon, fenouil ; et
en mai des morilles, choux frisés, orties, petites carottes nouvelles, pommes de terre nouvelles, radis
blancs et roses : l'on trouve chez ces mêmes fruitiers
tous les légumes secs, beurre, œufs, etc., etc.

FRUITS FRAIS.

(Froukte swéjé).

Les premiers fruits tels que fraises, framboises,
cerises, etc., paraissent dès le commencement
d'avril chez les épiciers des Miloutines et autres
dont j'ai donné les noms plus haut ; ces fruits sont
poussés dans les serres et se vendent extrêmement
cher : j'ai vu vendre les premières fraises 25 kopecs
(1 franc) la pièce. Il vient ensuite la fraise dite *Is-
panski,* de juillet à août ; les framboises suivent le
même cours que les fraises : viennent ensuite les
abricots, pêches, prunes, ananas, raisins, la majeure partie de ces fruits vient de Moscou. Les
melons d'eau (*arbouse*) dont les meilleurs viennent
de Taganrog, Tzaritsin et Moscou ; les grenades du
Caucase et de Lisbonne ; les poires Saint-Germain,

duchesse, beuré catillard, bou chrétien, de France. Les melons sont en abondance en juillet et août. On reçoit aussi des mirabelles de Moscou et de Crimée; mais elles sont rares, ainsi que des reine-claudes ; les groseilles rouges et blanches sont en grande quantité de juillet à août.

A commencer de septembre, les pommes sont aussi très-abondantes, elles offrent une assez grande variétés d'espèces. Il y a les pommes dites *antonowski* et *borownique* pour dessert, *zelonka*, *krija-pelle*, *skwosnoï* et *pipki* pour marmelade, et enfin les *krimski*, *grâwenstein*, *oportowe* et *sklienskowe* pour compote.

HORS-D'ŒUVRE.

(Zakouski.)

———

Il est d'usage en Russie, le jour d'un dîner, de préparer dans une pièce, la plus près de la salle à manger, une table couverte de différents hors-d'œuvre : tels que, radis, beurre, anchois, caviars, saucissons en tranches et quelques petits hors-d'œuvre chauds de cuisine, plusieurs carafons de liqueurs, telles que : eau-de-vie blanche, amer, pomeranz, anisette, genièvre de Hollande et arak ; quelques assiettes de tranches de pain blanc et bis. Les convives, avant d'aller se mettre à table, passent dans cette pièce et s'arrêtent autour de cette table, pour y prendre chacun selon son goût un peu de ces hors-d'œuvres et un petit verre de liqueur ; c'est ce que l'on appelle prendre le zakouski. Si parmi ces hors-d'œuvre on sert du caviar frais, il faut avoir soin d'ajouter une petite assiette d'oignon vert haché ; mais ceci est ordinairement l'affaire du maître d'hôtel ou du buffetier.

Pour les hors-d'œuvres déjà connus de tout le

monde, il est inutile que j'en fasse ici mention, je donnerai donc seulement un aperçu de quelques hors-d'œuvre tout à fait nationaux.

HARENGS GRATINÉS. Passez au beurre un petit oignon haché très-fin jusqu'à ce qu'il soit bien blond, prenez la chair de trois ou quatre harengs que vous aurez d'abord fait dessaler pendant deux heures dans du lait; coupez cette chair en petits morceaux, mettez avec l'oignon et ajoutez le double de mie de pain de seigle fine, assaisonnez avec poivre et muscade, ajoutez une cuillerée d'allemande bien réduite, et mêlez quelques minutes sur le feu, versez ensuite sur un plat et mettez refroidir; après quoi vous prendrez cet appareil par parties et les roulerez en forme de harengs, que vous mettrez sur une feuille de papier beurrée sur une plaque; vous ajouterez les têtes et les queues que vous aurez eu soin de conserver : quelques minutes avant de servir, faites-leur prendre couleur au four des deux côtés, et envoyez sur une petite assiette. On les sert aussi quelquefois en papillottes, ou dans des petites caisses en papier préparées à cet effet.

HARENGS A LA LIVONIENNE. Coupez les filets de trois ou quatre harengs en très-petits dés, taillez de même la même quantité de pommes de terre cuites ainsi que des pommes crues, mêlez le tout ensemble dans une terrine, ajoutez persil, cerfeuil,

estragon et fenouil haché, huile et vinaigre, sel et
poivre, placez sur une assiette en donnant la forme
de harengs, ajoutez les têtes et les queues.

HARENGS FUMÉS. Levez les filets de deux ou trois
harengs fumés, taillez-les en tranches minces,
rangez-les sur une assiette, en mettant entre chaque
tranche une lame de pomme de terre cuite, versez
dessus un peu d'huile et de vinaigre et parsemez
de cerfeuil, échalottes, fenouil et estragon hachés.

ESTURGEON ET SAUMON SALÉS. Taillez en tranches
très-minces et mettez sur une petite assiette, versez
huile et vinaigre.

CANAPÉS AU CAVIAR. Taillez dans un pain à potage
des petits canapés ronds ou carrés, masquez les légèrement de beurre fin, et ensuite de caviar frais
ou sec, parsemez le dessus d'un peu d'oignon vert
haché très-fin. L'on sert de ces mêmes canapés
couverts en place de caviar, d'une tranche bien
mince de veau ou jambon, langue, viande salée,
gibier ou volaille, et petits chaufroids divers.

CANAPÉS AUX IERCHIS. Préparez des canapés carrés longs, masquez de beurre fin, recouvrez d'un
peu de gelée hachée et mettez dessus un ierchis
bien enveloppé d'une bonne mayonnaise. L'on
sert aussi pour hors-d'œuvres des petites tranches
de jambon cuit ou cru, de la langue, du pâté de
gibier, du poisson fumé, des petites saucisses de
gibier, des champignons farcis.

PETITS PAINS A LA VARSOVIENNE. Faites des tout petits pains de gruau de la forme d'un pain de la Mecque ; lorsqu'ils sont cuits et refroidis, coupez un couvercle sur le milieu et enlevez toute la mie qui se trouve à l'intérieur ; garnissez d'une salade russe bien assaisonnée, recouvrez et servez sur une petite serviette.

CANAPÉS D'ÉCREVISSES. Taillez dans un pain à potage des canapés ronds, masquez de beurre d'anchois ; rangez dessus, en rosace, des belles queues d'écrevisses trempées dans un peu de gelée; remplissez les vides avec cerfeuil et estragon hachés très-fin.

ECREVISSES FARCIES. Prenez une douzaine de grosses écrevisses ; lorsqu'elles sont cuites selon la règle, faites une incision en dessous et sur toute la longueur des deux côtés, pour séparer le ventre de la carapace ; mettez la chair des queues de côté, pilez tout l'intérieur des écrevisses avec un peu de panade de pain au lait ; assaisonnez et ajoutez une bonne cuillerée de béchamel réduite, passez au tamis fin ; emplissez les carapaces de cette farce en y introduisant une queue à chaque, semez dessus un peu de mie de pain fine, versez avec le pinceau quelques gouttes de beurre fin, faites prendre couleur au four, et servez sur serviette.

TARTELETTES DE GIBIER. Préparez une dizaine de petites tartelettes rondes ou ovales, que vous garnissez d'un salpicon de gibier, comme pour petites croustades ou vol-au-vents; l'on sert de ces tartelettes garnies de toute sorte, soit champignons, truffes, volaille, poisson, homards, etc., etc.

CROUTES CHAUDES D'OIE FUMÉE. Taillez dans un pain de seigle des croûtons ronds, d'un centimètre d'épaisseur; faites prendre couleur des deux côtés dans du beurre clarifié; creusez le milieu pour l'emplir d'un peu de choucroûte à l'allemande, et mettez dessus une petite tranche d'oie fumée; versez légèrement un peu de bonne espagnole réduite, et servez sur serviette.

CROUTES AU FROMAGE. Taillez dans un pain à potage une dizaine de canapés ronds, colorez dans un peu de beurre clarifié, saupoudrez le dessus de parmesan râpé et mettez quelques minutes au four à prendre couleur; servez sur serviette. On fait de ces mêmes croûtes, en remplaçant le parmesan par une tranche de gruyère, chester, stillton ou autres fromages.

EPERLANS MARINÉS. Vous aurez, à cet effet, préparé la veille une vingtaine d'éperlans de la manière suivante : après avoir bien nettoyé et essuyé les éperlans, il faut leur faire prendre une couleur bien blonde des deux côtés dans de l'huile de Provence; laissez refroidir et rangez dans un vase quelconque de terre ou de verre, semez dessus quelques tranches d'oignons, deux feuilles de laurier, sel et quelques grains de poivre, et couvrez de vinaigre réduit, mais froid. Le lendemain vous les égouttez et les servez dans un petit bateau ou sur une assiette.

HORS-D'OEUVRE LIVONIEN. Maniez dans une casserole six onces de beurre en pommade, ajoutez, l'un après l'autre, cinq jaunes d'œufs ; assaisonnez, de sel, poivre et muscade, une cuillerée à bouche de farine ; mêlez à cet appareil les filets d'un hareng salé coupés en petits dés, et les filets de cinq beaux éperlans frits ; ajoutez les cinq blancs d'œufs fouettés et versez cet appareil dans une poêle à omelette grassement beurrée, cuisez à la bouche du four, et ensuite taillez en morceaux ronds ou carrés et servez sur une petite assiette comme hors-d'œuvre chaud.

HARENGS A L'ESTHONIENNE. Levez les filets de trois beaux harengs, laissez-les dessaler une demi-heure dans du lait, après quoi, vous les égouttez pour les piler et les passer au tamis de Venise ; mettez dans une terrine, mêlez avec quatre cuillerées à bouche de bonne crème double et la même quantité de bonne chapelure qu'il y a de chair de hareng ; mélangez bien le tout et faites cuire à la bouche du four, dans des petites poêles à Blinis bien beurrées : servez comme hors-d'œuvre chaud.

BOUDIN POLONAIS. Même préparation que pour le boudin ordinaire, seulement que la panade de pain doit être remplacée par de la semoule de Smolensk, cuite au lait.

CAVIAR DE STERLETS. Quatre ou cinq heures avant

de servir, fendez le ventre d'un sterlet pour en extraire les œufs, mettez-les avec précaution dans
une terrine, salez légèrement avec un peu de sel
blanc, une pincée de poivre blanc; mêlez avec les
dents d'une fourchette de bois, en ayant soin de ne
pas écraser les œufs; versez le tout sur un tamis,
couvrez et mettez à la glacière jusqu'au moment du
service, enlevez-les alors du tamis avec soin et servez
dans un petit bateau à hors-d'œuvre.

Autres caviars. On prépare aussi pour hors-
d'œuvre les œufs de sigui, truite, soudac, perche et
brochet; le meilleur est celui de sigui : pour ceux-ci,
il faut, après les avoir extrait du poisson vivant, les
mettre dans l'eau et en retirer, avec précaution, les
fibres qui les attachent, vous les versez ensuite sur
un tamis, et, lorsqu'ils sont bien égouttés, assaisonnez
de sel et poivre fins, un peu d'oignon vert, haché fin;
mêlez le tout soigneusement pour ne pas crever les
œufs, laissez ainsi à la glacière pendant vingt-quatre
heures, et servez ensuite comme hors-d'œuvre

POTAGES.

BORTSCH POLONAIS.
(Bortsch Polski.)

Coupez une julienne composée de betteraves, porreaux, racines de céleris et de persil, et un oignon;
vous y ajoutez un petit chou frisé, coupé de même,
passez le tout au beurre dans une casserole de
moyenne grandeur; lorsque le tout sera d'une bonne
couleur blonde, vous mouillez avec du bon bouillon
et une cuillère à pot de jus de betterave aigri, vous
y ajoutez un bon caneton que vous aurez fait rôtir
d'avance aux trois quarts, à peu près deux livres de
poitrine de bœuf que vous aurez fait blanchir d'a-
vance, et un bouquet composé de marjolaine, deux
ou trois champignons secs (dits *gribouis*), une feuille
de laurier et un clou de girofle; faites bouillir tout
doucement jusqu'à entière cuisson du caneton et du
bœuf, que vous sortez du potage pour dépecer le
caneton d'après la règle, et coupez le bœuf en gros

dés; retirez le bouquet, dégraissez le potage, assaisonnez d'un bon goût, ajoutez une liaison composée d'une demi-cuillère à pot de crême aigre (dite *smitane*) que vous détendez avec le jus de deux betteraves bien rouges rapées, une bonne pincée de persil et de fenouil hachés et blanchis. Au moment d'envoyer le potage, vous y ajoutez les morceaux de bœuf et de caneton, ainsi que des petites saucisses dites chipolata, que vous aurez fait griller d'avance et dont vous aurez soin de retirer la peau qui l'enveloppe.

POTAGE AUX CHOUX A LA RUSSE AVEC GRUAU DE SARRASIN.

(Stschi ç' greschenevaï kache.)

Coupez deux moyens oignons en dés très-fins, que vous passez au beurre, ajoutez à peu près une livre et demie ou plus, selon la quantité de personnes (1) de choucroûte hachée de quelques coups de couteau; vous passez le tout ensemble avec l'oignon, après quoi, vous ajoutez une cuillère à bouche

---

(1) Les proportions étant établies pour environ dix personnes, l'on pourra augmenter ou diminuer les doses de chaque recette selon le nombre des convives.

de farine et trois de crème aigre (*smitane*), vous mêlez le tout ensemble et remplissez avec du bon bouillon, vous y mettez un caneton entier, rôti d'avance à moitié , quelques morceaux de poitrine de bœuf blanchis et quelques saucisses ; vous retirez la casserole au bord du fourneau afin de faire bouillir tout doucement ; enlevez, après entière cuisson, caneton, bœuf et saucisses que vous coupez et dépecez selon la règle, pour remettre dans le potage au moment de le servir, et après que vous l'aurez bien dégraissé et lié avec quatre ou cinq cuillerées à bouche de smitane, assaisonnez de bon goût et mettez une bonne pincée de persil haché et blanchi.

GRUAU DE SARRASIN ROTI POUR SERVIR AVEC LE STSCHI.

Détrempez une livre de grain de sarrasin concassé avec une quantité suffisante d'eau tiède, pour en former une pâte compacte ; salez et mettez le tout dans un pot de terre vernissé à l'intérieur ou, à défaut de celui-là, dans un grand moule à Charlotte, mettez à four chaud et laissez cuire à peu près deux heures, après quoi vous enlevez la croûte épaisse qui s'est formée dessus pour ne prendre que le milieu, que vous mettez dans une terrine pour y ajouter gros comme un œuf de bon beurre fin, pendant qu'il est bien chaud, maniez-le bien avec la spatule; mettez alors en presse, entre deux couvercles de casserole, que cette pâte ait un centimètre d'épaisseur; lorsqu'elle est entièrement refroidie, vous la découpez avec un coupe-pâte uni, de la largeur d'un petit pâté ordinaire ; faites colorer des deux côtés dans du beurre clarifié. Servez-les bien chauds sur une serviette et envoyez avec le stschi.

POTAGE ROSSOLNICK AUX CONCOMBRES.

(Soupe Rassolnik ç' agourtzami.)

Préparez des racines de persil et de céleri en forme de petites carottes pour garnitures, vous faites deux incisions en forme de croix sur la tête de chaque racine, vous les mettez ensuite à blanchir à l'eau froide, après dix minutes d'ébullition vous les rafraîchissez et les mettez dans la casserole qui doit vous servir à terminer le potage ; prenez une dizaine de concombres salés (*ogoursis*) que vous taillez en gros losanges, et blanchissez vivement afin qu'ils soient bien verts, rafraîchissez-les après deux minutes d'ébullition, et après les avoir égouttés sur une serviette, mettez-les dans la casserole avec les racines blanches, préparez à part un velouté léger mouillé d'un consommé de volaille bien succulent; après l'avoir bien dégraissé et passé à l'étamine, versez-le dans la casserole où se trouvent déjà les légumes, ajoutez un demi-verre de jus de concombres (*rassole*), liez le potage avec jaunes d'œufs et crême double selon la règle; au moment de servir, ajoutez au potage les membres de deux jeunes poulets que vous aurez fait cuire d'abord dans le velouté du potage ou braisés à part. L'on peut remplacer les poulets par des petites quenelles de volaille ou godiveau.

POTAGE DE STERLETS AUX FOIES DE LOTTES.

(Oukha ise sterledie ç' petschonkami nalima.)

Il faut pour ce potage n'employer que du poisson vivant, tels que sterlets, ierchis (goujons-perches), perches et siguis (*lavarets*). Vous nettoyez les sterlets en ayant soin de leur enlever les écailles osseuses qu'ils ont sur le dos, ainsi que le nerf qui se trouve adhérent à l'épine dans toute sa longueur; on peut facilement l'enlever à l'aide d'une aiguille à brider ou d'une fourchette. Lorsque vos sterlets sont parfaitement nettoyés, enveloppez-les d'une serviette et laissez-les dans un endroit frais, jusqu'à ce que le bouillon soit prêt, seulement il faut éviter de préparer les sterlets trop d'avance, il faut donc pour cela que le bouillon soit fait avant.

3

Vous marquez votre bouillon avec une cinquantaine de petits ierchis, une vingtaine de petites perches, et un ou deux moyens siguis, le tout parfaitement nettoyé et mis dans une casserole à potage avec racines de persil, céleri, un oignon et bouquet garni ; assaisonnez d'un bon sel et laissez bouillir jusqu'à entière cuisson des poissons composant le bouillon ; passez et clarifiez avec un peu de kaviar et deux blancs d'œufs mêlés avec un peu de bouillon froid.

Vous aurez taillé une julienne de racines blanches et lorsque vous l'aurez passée au beurre et braisée, vous l'égoutterez et la mettrez dans la casserole qui doit vous servir pour le potage, vous coupez alors vos sterlets en tronçons formant le losange, vous les mettez de même dans la casserole où se trouve déjà la julienne, vous versez dessus le bouillon de poisson et faites bouillir très-doucement dix minutes avant de servir ; vous y ajoutez les foies de lottes cinq minutes avant d'envoyer le potage ; servez sur une assiette quelques tranches de citron très-minces et sans zeste.

On sert quelquefois du oukha au vin de Champagne ; dans ce cas vous en faites bouillir quelques minutes une ou deux bouteilles que vous introduisez dans le potage au moment de servir.

Dans les endroits où l'on ne peut se procurer les poissons qui composent le bouillon, tels que ierchis et siguis, on peut les remplacer par des perches et tanches, et le sterlet par de l'esturgeon, mais il est probable que dans quelque temps, par les communications qui sont en voie d'exécution, l'on pourra recevoir des sterlets et autres poissons vivants dans quelque lieu que l'on se trouve.

POTAGE BOURGEOIS AUX CHOUX FARCIS.

(Soupe po Meschanski ç' kapousta farchirovannaï.)

Taillez en bâtonnets de trois centimètres de longueur, carottes, céleris, persil, poireaux et navets, blanchissez et braisez dans un bon bouillon, égouttez après leur cuisson, et finissez le potage avec un bon consommé clarifié.

Servez dans une casserole d'argent à part des petits choux farcis d'un bon godiveau, pour lesquels vous emploierez du chou frisé, préparé et braisé selon la règle ; en les farcissant vous leur donnerez la forme d'une paupiette, marquez-les dans un plat à sauter beurré, saupoudrez-les de parmesan rapé, faites leur prendre couleur dix minutes avant de servir.

POTAGE A LA GRECQUE.

(Grotscheski soupe.)

Vous preparez un potage purée de pois dans lequel
vous ajoutez une brunoise, vous aurez d'avance un
filet de mouton braisé que vous taillerez en escalopes
pour les mettre dans le potage au moment de le servir; finissez le potage en y ajoutant le fond qui a
servi à braiser le mouton, dégraissez et servez.

POTAGE AUX ORTIES.

(Stschi zelionye is krapiwa.)

Epluchez et lavez soigneusement une livre et demie
d'orties nouvelles, blanchissez et rafraîchissez, pressez et passez-les au couteau, hachez et passez au
tamis, faites fondre deux livres d'oseille que vous
mêlez aux orties après l'avoir passée au tamis, ensuite
vous hachez un moyen oignon que vous passez
légèrement avec une demi-livre de beurre fin ; vous
ajoutez deux cuillerées à bouche de farine, vous mêlez ensuite l'oseille et les orties, vous mouillez le tout
avec du bon bouillon ; laissez bouillir doucement et
dégraissez, liez le potage avec six cuillerées à bouche
de smitane ; assaisonnez et mettez dans le potage une
vingtaine de petites saucisses chipolata.

Il faut servir sur une assiette à part une vingtaine de moitiés d'œufs farcis, panés et frits.

POTAGE TORTUE AU STERLET.

(Soupe tortue is sterlède.)

Pour le fond de votre potage vous prenez du blond de veau très-succulent que vous liez à froid avec une cuillerée à café de fécule pour une forte cuillerée à pot de blond de veau, vous remplacez la tortue par des tronçons de sterlet cuits au vin de Champagne, des foies de lottes et des petites quenelles de soudac blanches, vertes et aux truffes hachées; finissez avec l'infusion d'herbes au Madère et une pincée de poivre de Cayenne, comme pour le potage tortue à l'anglaise.

POTAGE LIVONIEN AUX KLOSKIS.

(Liflandski soupe ç' kloskis.)

Préparez un potage crême d'épinards selon la règle, que vous servez en y ajoutant des kloskis préparés comme suit : Faites une panade bien desséchée de la mie d'un pain à potage trempée dans du lait, ajoutez trois ou quatre œufs, une pincée de sel, et faites-en une pâte à choux légère, passez au beurre une petite échalote et ensuite un quart de jambon cuit coupé en salpicon, passez de même dans du beurre clarifié une bonne poignée de croûtons de mie de pain en salpicon, mêlez alors échalote, jambon et croûtons frits à la pâte choux, prenez cette pâte par parties avec une cuiller à café et échaudez-les dans une eau légèrement salée quinze minutes avant de servir, égouttez et mettez dans le potage après l'avoir lié à la crême double et gros comme un œuf de beurre très-fin.

On peut remplacer les épinards par des laitues en leur faisant subir la même préparation.

BATWINIA.

Faites fondre deux livres d'oseille que vous égouttez et passez au tamis de Venise, mettez dans la casserole à potage et sur la glace, faites la même opération à trois livres d'épinards et une bonne poignée de feuilles de betteraves nouvelles et mettez avec l'oseille, coupez en salpicon une douzaine d'ogoursis frais que vous mêlez avec oseille et épinards en y versant la quantité voulue de kislischy (1) pour emplir

(1) Boisson russe dont je donne plus loin la recette : pourtant dans le cas où l'on se trouverait dans l'impossibilité de se procurer cette boisson, on pourrait la remplacer par du petit vin blanc nouveau un peu piquant ; j'en ai fait l'expérience qui m'a assez bien réussi.

casserole à potage ; assaisonnez de sel et une bonne pincée de sucre en poudre, un peu d'estragon, cerfeuil, fenouil et échalottes hachés; quelques minutes avant de servir le potage, mettez dedans quelques petits morceaux de glace très-propre, de la grosseur d'œufs de pigeon.

Servez à part sur une serviette, une darne de saumon froide entourée de persil vert, et de petits buissons de raifort rapé.

On sert aussi au lieu de saumon, de l'esturgeon braisé et refroidi sous presse, et dans ce cas, il faut couper l'esturgeon en lames minces dans toute sa largeur et le servir sur un plat sans serviette avec raifort rapé.

KOLODNIK POLONAIS.

(Polski kolodnik.)

Lavez et blanchissez trois ou quatre bonnes poignées de feuilles de betteraves bien tendres, hachez bien fin et mêlez avec une bonne pincée d'estragon, cerfeuil, ciboulette, fenouil et échalottes hachés très-fins et blanchis, mettez dans la casserole à potage sur la glace et mouillez avec un demi-litre de jus de concombres salés et autant de kwass (1).

_____

(1) Voyez l'article Kwass.

Taillez en petits dés une dizaine de concombres frais, une cinquantaine de queues d'écrevisses, une demi-livre d'esturgeon braisé et coupé en dés, mettez à la glace jusqu'au moment de servir ; vous aurez une livre et demie de bonne crème aigre passée à l'étamine que vous incorporerez dans le potage, mettez ensuite les concombres, queues d'écrevisses et esturgeon et quelques morceaux de glace très-propre, assaisonnez de sel et une pincée de sucre en poudre ; servez à part, sur une assiette, une douzaine d'œufs durs coupés en quatre et saupoudrez de cerfeuil et fenouil hachés très-fins.

POTAGE POLONAIS AUX KLOSKIS FOUETTÉS.

(Soupe Polski ce sbiwnieme kleskami.)

Faites fondre 6 onces de beurre très-fin en pommade auquel vous ajoutez en le battant vivement 4 jaunes d'œufs, un à un et 4 cuillerées à bouche de bonne farine, sel, poivre et muscade : ajoutez à cet appareil 6 blancs d'œufs fouettés ; deux grandes cuillerées de crème fouettée bien ferme, prenez par partie avec une cuiller à dessert et faites pocher dans du bouillon. Servez ces kloskis dans un bon consommé de volaille, dans lequel vous aurez cuit deux bons poulets que vous dépecez et que vous ajoutez au potage en le servant.

CONSOMMÉ A LA POLONAISE.

(Consommé po Polski.)

Vous faites des tout petits pannequets que vous garnissez, en l'étalant sur toute la surface, d'une farce de volaille au beurre d'anchois, vous les roulez en forme de petits coussins carrés, en ayant soin d'en fermer les ouvertures avec la même farce, vous les rangez à mesure dans un plat à sauter, beurré, et vous les pochez quelques minutes avant de servir, avec du bon bouillon ; égouttez et servez dans un consommé succulent, avec quelques feuilles de persil blanchies.

POTAGE AUX BISCOTTES VARSOVIENNES.

(Soupe S'Warschawski Biscottes.)

Maniez à la spatule, dans une terrine tiède, une demi-livre de beurre fin en pommade, auquel vous ajoutez 6 jaunes d'œufs un à un, sel, poivre et muscade, 6 onces de farine, 2 onces de fécule, un peu de persil haché. Quand cet appareil est bien mêlé,

ajoutez 6 blancs d'œufs fouettés, que vous incorporez
légèrement, versez cet appareil sur une plaque d'office, beurrée et panée à la mie de pain ; cuisez à four
doux, taillez ensuite des petits ronds au coupe-pâte
uni ; dressez à part sur une serviette et envoyez un
bon consommé de volaille clarifié.

JULIENNE AUX CHAMPIGNONS.

(Julienne c' gribame.)

Julienne ordinaire, à laquelle vous ajoutez une
demi-heure avant de servir des gribouis blancs coupés en julienne un peu plus grosse; servez avec croûtons taillés dans la croûte d'un pain à potage.

POTAGE CALIA.

(Soupe Kalia.)

Même préparation que pour le potage Rossolnick,
seulement au lieu du velouté léger, vous le faites
avec un bon consommé clarifié et avec quenelles de
volaille.

POTAGE DE CANETONS A LA POLONAISE.
(Soupe is Outki po Polski.)

Nettoyez et troussez deux canetons que vous faites
blanchir quelques minutes, rafraîchissez et dépecez,
mettez les morceaux dans une casserole à potage avec
un bouquet garni, emplissez avec du bon bouillon,
assaisonnez de bon goût et ajoutez un quart d'orge
perlé, blanchi; faites bouillir tout doucement et lorsque l'orge et les canetons auront presque atteint
leur cuisson, ajoutez une brunoise un peu grosse que
vous aurez préalablement blanchie et passée au
beurre.

POTAGE PURÉE DE JAMBON.
(Soupe purée is Witschina.)

Hachez bien fin deux livres de maigre de jambon
cuit, pilez en ajoutant de temps en temps un peu de
consommé. Mêlez au mortier une cuillerée à pot de
soubise réduite avec de l'espagnole, et même quantité de purée de tomates; passez à l'étamine et finissez
le potage avec du bon consommé. Quinze minutes
avant de servir ajoutez une demi-bouteille de bon
Madère réduit avec un verre de Malaga, et gros comme

une noix de bon beurre fin ; servez avec petits croûtons passés au beurre clarifié. Il faut avoir soin de
chauffer ce potage au bain-marie, car il ne doit pas
bouillir.

POTAGE D'ÉCREVISSES A LA BOURGEOISE.

(Soupe Rakowie po Meschanski.)

Faites cuire 60 belles écrevisses dans deux litres de
bon bouillon et un grand verre de jus d'ogoursis, et
quelques légumes d'après la règle ; lorsqu'elles sont
cuites, égoutez-les sur un plat, passez le bouillon à
la serviette pour en faire un velouté léger, préparez
un peu de farce de brochet au beurre d'écrevisses
pour en faire des petites quenelles à la cuillère à café,
retirez les queues d'écrevisses ainsi que la chair des
pattes, mettez-les avec les quenelles lorsqu'elles se-
ront pochées, dans une petite casserole et tenez
chaud au bain-marie, farcissez les carapaces d'un
appareil à pudding de semoule sans sucre et sans blancs
fouettés, rangez-les à mesure dans un plat à sauter,
dorez-les et faites prendre couleur au four ; pendant
ce temps, passez le velouté du potage, assaisonnez de
bon goût, ajoutez en vannant un quart de beurre
très-fin, servez avec les garnitures prescrites, et ajoutez une pincée de fenouil haché.

POTAGE PURÉE DE LIÈVRE A LA PETITE RUSSIENNE.

(Soupe purée is zaïetze po Malarossiski.)

Levez les chairs de deux lièvres, taillez des escaloppes avec les filets et les parties tendres des cuisses, mettez-les sur un'plafond dans un endroit frais, prenez ensuite toutes les parures de chair que vous passez au beurre pour en faire une purée, à laquelle vous incorporerez une bonne crême d'orge et passez le tout ensemble à l'étamine ; finissez de mouiller le potage avec un fumet que vous aurez fait avec les os des deux lièvres, ce fumet doit être mouillé avec un tiers de bouillon, un tiers de jus de betteraves aigre et un tiers de smitane et bouillir tout doucement pendant trois heures.

Vous servez avec ce potage des croûtons préparés de la manière suivante : Vous taillez dans la croûte d'un pain à potage des petits croûtons exactement de la même dimension que les escalopes ; vous les dégarnissez bien de la mie qui pourrait s'y trouver, vous masquez le côté de la mie d'un peu de farce de volaille pour y appliquer l'escalope que vous aurez assaisonné de sel et poivre, vous les rangez à mesure en buisson dans une casserole ou sur un plat d'argent ; vous les masquerez d'une béchamel bien réduite, saupoudrez de mie de pain, arrosez avec le pinceau de beurre clarifié, et faites colorer au four doux.

OKROSCHKA DE GIBIER.
(Okroschka is ditsch.)

Faites un salpicon très-fin avec plusieurs espèces de viandes rôties (le gibier doit dominer), tels que perdreaux ou gélinotes, veau, mouton, jambon cuit, langue, etc., etc. Vous ajoutez une demi-douzaine d'ogoursis frais ou salés, taillés également en petits dés, trois ou quatre œufs durs; mettez le tout dans la casserole à potage sur la glace, ajoutez un peu d'oignon vert, cerfeuil, estragon et fenouil hachés, assaisonnez de sel et poivre, mêlez le tout avec quatre ou cinq cuillerées à bouche de bonne smitane (crême aigre). Finissez avec deux ou trois bouteilles de kwass ou kislischy très-froid et servez avec quelques morceaux de glace très-propre dedans.

CONSOMMÉ AUX KLOSKIS DE SARRAZIN.
(Consommé c' kletskami gretschnevoï).

Préparez les kloskis de la manière suivante : mettez sur le feu dans une casserole un demi-verre de crême et un quart de beurre fin, sel, et une pincée de sucre en poudre. Quand le beurre est fondu vous faites une panade en ajoutant à peu près 6 onces de farine de blé de sarrasin. Desséchez et mettez cinq ou six œufs, un à un, pour lui donner la consistance d'une pâte à choux ; couchez cet appareil au cornet ou à la poche, en forme de petites quenelles dans un plat à sauter beurré ; pochéz, égouttez et servez dans du consommé bouillant.

CONSOMMÉ AU GRUAU DE SARRAZIN.
(Consommé s'greschnevoï kache.)

Préparez du gruau de sarrasin comme il est dit à la page 35 Lorsqu'il est cuit au four, vous en prenez avec une cuillère pour en mettre un lit dans une casserole d'argent, vous versez dessus ce premier lit quatre ou cinq cuillerées de beurre fin, fondu et mêlé avec quelques morceaux de glace de viande ; semez dessus du fromage de Parmesan rapé, continuez de même en formant plusieurs lits se terminant en dôme, et enfin mettez au four chaud pour faire prendre couleur ; servez avec un bon consommé :

POTAGE LIVONIEN.
(Soupe Liflandskaïa.)

Faites blanchir après les avoir émincés, carottes, navets, céleris, persils, poireaux et oignons, rafraîchissez et passez au beurre, ajoutez deux poignées de riz blanchi et couvrez le tout de bouillon. Laissez bien cuire et passez à l'étamine, finissez votre potage avec de la bonne crème bouillie; assaisonnez de sel et sucre, chauffez au bain-marie, liez avec quatre jaunes d'œufs, servez des croûtons frits.

POTAGE ROSSOLNICK AU COCHON DE LAIT.
(Soupe Rossolnick s' Paraçionoke.)

Préparez un potage tel qu'il est décrit à son article seulement remplacez les poulets par des morceaux de cochon de lait braisé et coupés comme pour un potage fausse-tortue.

POTAGE D'AGNEAU.
(Soupe is Baraschka.)

Taillez en liards, carottes, navets, céleris et persil,

passez au beurre sans les blanchir, et lorsqu'ils sont d'une couleur blonde, mouillez-les avec une espagnole légère ; pendant ce temps, taillez comme pour ragoût, en petits carrés, un quartier de devant d'agneau, passez-le dans du beurre clarifié au plat à sauter, colorez bien blond, égouttez le beurre, mouillez avec une espagnole légère, garniture de légumes et bouquet de persil ; assaisonnez de sel, muscade et une petite pincée de poivre de Cayenne, laissez bouillir jusqu'à entière cuisson, après quoi vous enlevez les morceaux d'agneau pour les parer carrément et les mettez à mesure dans la casserole à potage, vous égouttez les légumes et les mettez avec les morceaux d'agneau, ensuite vous réunissez les deux sauces, vous les dégraissez et réduisez avec une bouteille de bon Laffite, passez et versez sur l'agneau ; si le potage se trouvait trop court, il faudrait ajouter du bon consommé. En servant le potage, jetez dedans une poignée de pointes d'asperges, petits pois, chiffonnade d'oseille et laitues blanchis d'avance.

POTAGE COURLANDAIS AUX CANARDS.

(Soupe kourlandski S'outki.)

Nettoyez 10 navets, 2 carottes, 2 oignons, 1 céléri, 1 persil et 2 poireaux, émincez le tout et blanchissez, pendant ce temps, troussez comme pour entrée deux jeunes canetons auxquels vous faites prendre couleur dans une demi-livre de beurre ; lorsqu'ils sont d'une belle couleur blonde, ajoutez les légumes, quelques cuillerées de bouillon et faites braiser ; lorsque les canetons ont atteint leur cuisson, retirez-les sur un plat, ajoutez aux légumes lorsque vous les aurez passés au tamis, quelques cuillerées à pot de velouté léger, assaisonnez votre potage de sel et une pincée de sucre, passez à l'étamine, faites ensuite bouillir tout doucement pour le faire dépouiller ; au moment de servir, mettez gros comme un œuf de beurre très-fin, un demi-verre de Malaga, envoyez les canetons dépecés dans une casserole d'argent avec un peu de jus clarifié.

POTAGE DE MORILLES A LA RUSSE.

(Soupe is smartschkoff po Rousskï.)

Epluchez et lavez trois livres de morilles, mettez-en à part une vingtaine des plus belles pour farcir, hachez les autres et passez-les au beurre, ajoutez un petit morceau de jambon d'environ une demi-livre, un bouquet de persil et fenouil, un petit oignon et un clou de girofle, sel, poivre et muscade, ajoutez deux ou trois cuillerées à pot de velouté très-léger, faites cuire doucement pendant deux heures, faites bien dépouiller ; pendant ce temps vous garnirez d'une farce de volaille les vingt morilles que vous mettrez à mesure dans un plat à sauter légèrement beurré, pour les pocher cinq minutes avant de servir.

Retirez de dedans votre potage le jambon, bouquet et oignon, changez de casserole et finissez avec un bon velouté de volaille, liez à la smitane (crême aigre), et envoyez les morilles farcies à part ; l'on peut à volonté ajouter dans ce potage les membres de deux petits poulets braisés. On opère de même pour le potage de champignons à la russe, en remplaçant les morilles par des champignons.

POTAGE LITHUANIEN.

(Soupe po Litowski.)

Préparez un potage purée de pommes de terre, auquel vous ajoutez une julienne grossièrement taillée rien que de racine de céleris et une forte chiffonnade d'oscille ; au moment de servir liez le potage à la smitane, et mettez dans le potage quelques petites tranches minces de lard de poitrine fumé et braisé, quelques petites saucisses chipolata et des œufs parés et frits à part comme pour le potage aux orties.

POTAGE ESCLAVON.

(Soupe Slavonskaïa.)

Levez les filets de quelques navagas (poisson que l'on trouve rarement autre part qu'en Russie), ou faute de ceux-ci, des filets d'éperlan ; marquez-les dans un plat à sauter avec un bon jus de citron et un peu de beurre, passez-les un instant au feu pour les roidir et mettez-les sur un plat à la glace ; sautez une cinquantaine d'huîtres fraîches et mettez-les de même au frais, préparez une farce de brochet assez délicate, dont vous formerez des quenelles dans une cuiller à potage, et dont vous garnirez l'intérieur avec les petits filets de poissons et les huîtres roulés dans une béchamel bien réduite ; vous aurez préparé un fumet avec vos parures et carcasses de poisson, que vous incorporerez dans un bon velouté en y ajoutant une bouteille de bon Sauterne ; assaisonnez de sel et poivre, liez le potage avec un peu de beurre fin et crème double, pochez les quenelles et servez dans le potage.

STSCHI A LA PARESSEUSE.

(Stschi Lieniwoui.)

Nettoyez et coupez en huit parties un beau chou frais, taillez carottes, navets, céleris, persil et poireaux comme pour le potage pot au feu, blanchissez le tout ensemble et rafraîchissez ; coupez en gros dés deux ou trois livres de poitrine de bœuf que vous blanchissez et rafraîchissez pour le mettre dans la casserole à potage avec les légumes ; emplissez la casserole de bouillon léger, faites bouillir doucement jusqu'à entière cuisson des morceaux de bœuf ; quinze minutes avant de servir faites à part un petit roux blanc d'un quart de beurre que vous mélangez au potage ; assaisonnez de sel et poivre, dégraissez, liez avec deux ou trois cuillerées de smitane et mettez une bonne pincée de persil haché en envoyant le potage.

BORCHE DE PETITE RUSSIE.

(Borche Malarossiski.)

Coupez une grosse julienne de betteraves, poireaux, persil et oignons, coupez en huit parties un gros chou, blanchissez un morceau de poitrine de bœuf de trois livres ainsi que deux livres de lard de poitrine fumé, après les avoir rafraîchis, coupez-les en gros dés, mettez dans la casserole à potage avec les légumes indiqués, mouillez avec moitié bouillon léger, et moitié jus aigre de betteraves ; assaisonnez de sel et poivre, faites bouillir doucement jusqu'à entière cuisson du bœuf avant de servir dégraissez bien, liez à la crème double et essence de betteraves bien rouge, mettez en envoyant le potage une bonne pincée de fenouil haché.

POTAGE FINLANDAIS.

(Soupe Finnlandskaïa.)

Battez une douzaine d'œufs comme pour une omelette avec sel, poivre et persil haché, un peu de parmesan rapé et une cuillerée de bonne crème, versez le tout dans une poêle à omelette dans laquelle vous aurez fait fondre d'abord un bon morceau de beurre, mettez au four très-chaud et lorsque cet appareil sera cuit d'une belle couleur blonde, taillez-en des morceaux avec un coupe-pâte rond uni, mettez-les sur des croûtons de mie de pain passés au beurre et de la même grandeur que les ronds d'omelette, saupoudrez de parmesan rapé, humectez le dessus avec du beurre fondu, et passez quelques minutes avant de servir an four chaud, servez-les à part sur une serviette et envoyez avec un bon consommé clarifié.

POTAGE MOSCOVITE.

(Soupe Moskowskaïa.)

Prenez un quart de livre de fromage blanc (twaro-

gue) que vous mêlez bien dans une casserole avec la
spatule jusqu'à ce qu'il devienne bien lisse, alors
mêlez la même quantité de beurre fin fondu, et deux
jaunes; lorsque ce mélange est bien battu, ajoutez un
quart de farine, deux cuillerées de smitane, deux
blancs fouettés, assaisonnez d'un peu de sel, une pincée de sucre et un peu de zeste de citron rapé; pochez
un essai et s'il se trouvait trop ferme, ajoutez un peu
de crême double, alors vous en formez des quenelles
que vous pochez selon la règle, vous les mettez dans
une casserole d'argent; saupoudrez de fromage de
parmesan, masquez de beurre clarifié et mettez au
four pour leur faire prendre couleur; envoyez avec
un excellent consommé.

POTAGE A LA POJARSKI.

(Soupe Pojarski.)

Levez les filets et la chair des cuisses de deux poules, les carcasses devront vous servir à clarifier le consommé, vous énervez bien les chairs, vous les hachez
très-fin, ensuite vous y mêlez avec le couteau à peu
près une demi-livre de beurre très-fin, sel, poivre et
muscade, vous en formez avec la lame du couteau des
toutes petites côtelettes que vous panez une fois à
l'œuf; une demi-heure avant de servir vous taillez

dans la croûte d'un potage des petits croûtons de la forme de vos côtelettes, vous les trempez dans du bon dégraissis, vous mettez vos petites côtelettes sur chaque croûton, vous les rangez à mesure dans un plat à sauter pour leur faire prendre couleur au four en ayant soin d'y ajouter un peu de bouillon et de passer le pinceau avec du beurre sur les côtelettes; lorsqu'elles sont cuites et d'une couleur bien blonde, rangez-les dans une casserole d'argent et servez à part un consommé clarifié.

KALTSCHALE DE FRUITS.

(Kaltschals is Frouktc.)

Prenez quelques fruits frais tels que : abricots, pêches et ananas, épluchez et éminez en petites tranches un peu épaisses, mettez dans une casserole ou soupière d'argent à la glace, ajoutez quelques fraises et framboises, quelques morceaux de melon et de pastèque émincés; versez ensuite dans une casserole une bouteille de bon Laffite, deux bouteilles de Champagne et un verre de Madère, une pincée de canelle en poudre, du sucre, et faites bouillir quelques secondes, puis mettez refroidir sur la glace, ensuite versez sur les fruits et servez très-froid.

KALTSCHALE A LA PURÉE DE FRAISES.

(Kaltschale s'puré is zemlinike.)

Préparez dans une casserole d'argent comme il est dit précédemment, la même quantité de fruits et mettez à la glace, ensuite épluchez trois livres de fraises et une livre de groseilles rouges, que vous passez au tamis de Venise dans une terrine vernissée, ajoutez à cette purée environ deux bouteilles de sirop très-léger et une bouteille de Champagne que vous aurez fait bouillir et refroidir préalablement, versez sur les fruits et servez très-froid.

. L'on sert ordinairement ces kaltschales au souper, dans les grandes chaleurs.

POTAGE AUX ROGNONS DE VEAU.

(Soupe is telatsche potshck ami.)

Préparez un velouté léger comme pour le potage Rossolnick, dans lequel vous ajoutez un peu de jus d'ogoursis ; préparez une garniture de concombres (ogoursis), coupés en lozanges, quelques olives tournées et blanchies, quelques cornichons coupés et champignons (gribouis) conservés au vinaigre, quelques minutes avant de servir vous hachez bien fin un

4

oignon que vous passez au beurre dans la poêle à
omelette; vous avez deux ou trois rognons de veau
émincés bien minces, que vous sautez avec l'oignon
lorsqu'il est d'une couleur bien blonde, lorsque vos
rognons sont sautés à point, vous en égouttez le
beurre, et les jetez dans le potage que vous aurez
préalablement lié à la crême double et jaune d'œufs;
assaisonnez de sel et petite pincée de poivre de
Cayenne; mettez-un peu de persil haché et blanchi, et
servez.

POTAGE DE BETTERAVES FROID
A L'ESTURGEON.

(Swekolnik kolodnye s'Assetrow.)

Epluchez et lavez bien les feuilles d'une douzaine
de betteraves nouvelles, blanchissez, hachez et passez
au tamis, comme des épinards; mettez dans la casserole à potage sur la glace, ajoutez quelques agoursis frais ou salés coupés en salpicon, ainsi que quelques betteraves cuites, coupées de même; mouillez
avec moitié kwass et moitié jus de betteraves aigre (1), une bonne cuillerée de crême aigre, assaisonnez de sel et poivre; ajoutez fenouil, estragon et persil

(1) Procédé pour obtenir du jus de betteraves aigre en
deux jours; faites cuire une vingtaine de betteraves, épluchez et taillez en lames, mettez-les dans un pot de grès,
emmiettez dedans un pain de seigle, et versez dessus de

hachés, mêlez le tout ensemble, et servez avec des morceaux de glace dedans. Envoyez à part un morceau d'esturgeon froid taillé en lames très-minces, et garni de quelques bouquets de raifort rapé.

POTAGE D'OSEILLE AU POISSON.

(Soupe is chavelle s'riba.)

Préparez un potage à l'oseille selon la règle, mouillez avec du bon bouillon de poisson, taillez quelques filets de gros poissons, tels que saumon, bécard, brochet ou esturgeon, applatissez-les légèrement, salez et passez à la farine, passez-les au beurre clarifié d'une belle couleur blonde, liez votre potage avec quelques cuillerées de crême aigre, et mettez en l'envoyant vos filets de poisson dans le potage. Assaisonnez de sel et poivre.

POTAGE PURÉE D'OIGNONS AUX QUENELLES.

(Soupe purée is louke s' kenelame.

Préparez une soubise réduite à la béchamel, délayez dans la casserole à potage quelques cuillerées à

l'eau ; bouillante mettez dans un endroit frais jusqu'au moment où vous voudrez vous en servir.

café de fécule (5 cuillerées pour dix personnes), avec un peu d'eau froide, mêlez-y la purée d'oignons et mouillez avec du lait bouillant; assaisonnez de sel et poivre, mettez un bon morceau de beurre fin et un demi-verre de crème double très-épaisse et envoyez avec des petites quenelles de brochet au beurre d'écrevisses.

POTAGE DE LENTILLES AU POISSON.
(Soupe is tschetschevitz s' Riba.)

Mettez à l'eau froide une demi-livre de lentilles, quelques parures de légumes, tels que persil, céleris, carottes, porreaux et oignons, ajoutez un peu de tête d'esturgeon, quelques morceaux de lotte; faites bouillir lentement sur le coin du fourneau, passez à l'étamine après en avoir extrait les cartilages, mouillez à point avec du bon bouillon d'esturgeon; assaisonnez, faites dépouiller et servez dans votre potage une printanière de petits légumes.

BORTSCH AU POISSON.
(Bortsch is Riba.)

Coupez légumes, betteraves et choux comme pour le Bortsch ordinaire, passez au beurre légèrement, et mouillez avec moitié jus de betteraves aigre et bouillon de poisson ; assaisonnez, mettez un bouquet de persil avec un peu de marjolaine, faites bouillir doucement et dégraissez ; assaisonnez de sel et poivre, liez à la crême aigre.

Dix minutes avant de servir, passez au beurre quelques filets de poissons panés (soudac ou perches), et lorsqu'ils sont d'une couleur blonde, mettez-les dans le potage ; en servant, ajoutez fenouil et persil haché.

Vous pouvez mettre dans ce potage des petites ravioles de poisson, préparées comme suit : passez au beurre une échalote, mettez quelques morceaux de filets de poisson blanc ou de saumon, passez encore le tout ensemble au beurre ; lorsque ce poisson est cuit mettez-le sur la planche à découper pour y donner quelques coups de couteau ; vous avez un peu d'allemande réduite, très-serrée, au fumet de poisson, que vous incorporez à la farce susdite, dans une petite terrine ; assaisonnez de sel, poivre, muscade et persil haché, mettez à refroidir pour en faire après des petites ravioles que vous blanchissez et mettez dans le potage au moment de servir.

POTAGE D'EPERLANS A LA LIVONIENNE.

(Soupe is korioukhi po Liflandski.)

Préparez un velouté léger au fumet de poisson, dans lequel vous mettez une vingtaine d'éperlans, dressés en couronne que vous aurez nettoyés et cuits séparément à l'eau de sel, ajoutez des petites pommes de terre tournées à la cuillère ronde et une pluche de persil blanchi; assaisonnez de sel, poivre et muscade.

POTAGE MAIGRE AU LAVARET.

(Soupe posstnye is sigui.)

Passez à l'huile de Provence une échalote, ensuite mettez dans cette huile deux cuillerées de farine pour en faire un roux blanc, mouillez avec du bouillon de poisson pour en obtenir un velouté léger qui forme le corps de votre potage; cuisez à part un peu d'orge dans du bouillon de poisson sans sel, taillez quelques pommes de terre à la colonne, pour les couper ensuite en lames.

Dix minutes avant de servir, vous mettez l'orge bien cuit dans votre velouté que vous aurez préalablement dégraissé et passé au tamis de Venise, ajoutez les lames de pommes de terre, faites bouillir quelques minutes et un peu avant que les pommes de terre ne soient cuites mettez dans votre potage quelques morceaux de filets de Lavaret (sigui), coupés en carrés comme pour le Oukha, assaisonnez de sel, poivre et muscade, faites bouillir quelques minutes

pour cuire le Sigui, et ajoutez du persil haché et
blanchi en servant.

ROSSOLNICK D'ESTURGEON.

(Rossolnick s' Açitrine.)

Préparez un velouté comme pour le potage précédent, dans lequel vous ajoutez après l'avoir passé à la
serviette les racines blanches et ogoursis, comme il
est indiqué au potage Rossolnick ; ajoutez du jus d'o-
goursis, assaisonnez de sel, poivre et muscade, dégraissez et mettez des morceaux d'esturgeon braisé et
coupés en forme de gros dés, dégraissez et passez à la
serviette le fond de l'esturgeon pour l'incorporer au
potage au moment de servir, et ajoutez du persil haché et blanchi.

AKROSCHKA DE POISSON.

(Akroschka is Riba.)

Sautez à l'huile des filets de plusieurs espèces de
poisson, laissez refroidir et coupez en salpicon, ajoutez un peu de homard et quelques queues d'écrevisses, mettez dans une casserole à la glace, ajoutez
quelques ogoursis frais ou salés, taillés de même en
salpicon, ciboulette, fenouil, cerfeuil et estragon hachés, sel, poivre et une pincée de sucre, mouillez

avec trois bouteilles de Kislichy et servez avec quelques morceaux de glace bien propre.

OUKHA DE LOTTE A L'OSEILLE.
(Oukha is Nalime s' chavelle.)

Préparez un bouillon de perches, ierchis et siguis, comme il est dit à l'article oukha; lorsqu'il est clarifié, dix ou douze minutes avant de servir, mettez dedans des morceaux de lottes taillés en tronçons, ainsi qu'une julienne de racines de persil et céléri cuite à part, laissez bouillir quelques minutes et au moment de servir ajoutez une bonne chiffonnade d'oseille blanchie, ainsi que les foies de lottes que vous aurez cuits à part.

POTAGES MAIGRES SANS POISSON.
(Soupes posstnié beise riba.)

AKROSCHKA.

Faites un salpicon de plusieurs ingrédients confits au vinaigre, tels que cornichons, petits champignons divers dont on trouve en Russie une assez grande variété chez tous les épiciers, sous les noms de : *bele gribouis, grousdeï, wolnoucheke, regiekowe,* pommes fraîches ou salées, pommes de terre cuites, betteraves, haricots verts, etc., etc. Mettez le tout dans une casserole à potage sur la glace, ajoutez fenouil, ciboulette, estragon et cerfeuil ; faites à part dans une petite terrine une sorte de remoulade avec de la moutarde anglaise mêlée avec un peu d'huile de Provence ; mouillez cette rémoulade avec deux ou trois bouteilles de kislischy ou kwass, et versez sur les ingrédients qui sont à la glace ; assaisonnez de sel et poivre, une pincée de sucre en poudre ; servez avec quelques morceaux de glace propre.

BOUILLON DE GRIBOUIS.
(Boulione gribnoï.)

Mettez détremper à l'eau tiède, trois heures environ, une demi-livre de champignons secs ; lorsqu'ils sont bien détendus vous les lavez avec beaucoup de soin, car il s'y trouve ordinairement un peu de sable très-fin, vous les mettez ensuite dans une casserole avec quelques légumes coupés en lames, tels que carottes, céléris, persil, poireaux et bouquet garni, un peu de sel, laissez bouillir tout doucement jusqu'à entière cuisson des champignons, passez ce bouillon à la serviette pour vous en servir pour la confection des potages maigres sans poisson ; quant aux champignons vous les coupez soit en lames, ou en dés pour les ajouter dans le potage selon votre convenance.

STSCHI MAIGRE.

(Stschi posstnié.)

Passez deux oignons hachés dans deux cuillerées d'huile; lorsqu'ils sont bien blonds vous ajoutez des choux aigres pressés et hachés, vous les remuez quelques minutes pour les dessécher, ensuite vous mouillez avec du bouillon de gribouis; assaisonnez de sel et poivre quelques minutes avant de servir, faites un petit roux blanc avec un peu d'huile et une cuillerée à bouche de farine, mouillez avec une demi-cuillerée à pot de bouillon de gribouis, mêlez bien et versez dans le potage, ajoutez-y les gribouis qui ont servi à la confection du bouillon, coupés en lames ou en dés.

Avec ce même bouillon, vous pouvez exécuter une quantité de potages maigres; par exemple, toute espèce de purées de légumes secs et farineux, bortsch maigre, rossolnick, julienne, pot au feu, etc.

PATÉS ET PETITS PATÉS RUSSES.

(Piraghi i Pirajki Rousski.)

PATÉ POLONAIS.

(Polsski Pirogue.)

Passez au beurre un oignon, lorsqu'il est bien blond, vous ajoutez une demi-livre de tétine de veau coupée en petits morceaux, et la même quantité de maigre de veau, remuez bien le tout sur le feu jusqu'à ce que le veau soit bien atteint, laissez un peu refroidir, hachez un peu et mettez de côté pour vous en servir après.

Prenez ensuite un quart de livre de moëlle de bœuf dans laquelle vous faites rissoler une demi-livre de bœuf taillée en petits morceaux. Laissez un peu refroidir, hachez et mettez sur un plat. Il faut avoir soin d'assaisonner à leur point de sel, poivre et et muscade, ces deux viandes au moment où vous les faites revenir.

Prenez cinq ou six œufs durs que vous taillez, d'a—

bord en deux sur leur longueur et ensuite en tranches minces ; mettez de côté sur un plat.

Vous aurez d'abord cuit un kache (1) de semoule que vous émiettez et passez au tamis à mie de pain ; mettez aussi à part.

Vous préparez et cuisez une vingtaine de grands pannequets que vous taillez en bandes carrées pour garnir l'intérieur d'un moule uni, grassement beurré ; ces bandes doivent prendre du milieu du fond du moule, couvrir les parois et dépasser un peu le bord du moule ; on les pose un peu l'une sur l'autre comme les bandes de pain d'une charlotte de pommes. Lorsque votre moule est bien garni de ces bandes de pannequets, vous masquez tout l'intérieur d'un bon godiveau, vous mettez alors dans le fond un lit de hachis de veau ; semez dessus quelques parures de pannequets taillées comme des nouilles ; mettez dessus un lit d'œufs hachés et alternativement le hachis de bœuf et le kache de semoule jusqu'à ce que le moule soit rempli ; relevez alors les bouts de pannequets qui dépassent pour les appuyer sur la surface ; dorez le dessus et appliquez un pannequet sur toute la largeur du moule ; trois quarts d'heure avant de servir, mettez au four, faites prendre une couleur bien blonde et servez sur une serviette.

(1) Voir article kache de semoule de Smolensk.

PETITS PATÉS DE BLINIS AUX TRUFFES.
(Pirajki is Blinow s' troufelème.)

Préparez une vingtaine de blinis transparents (1), dont vous en masquez dix de truffes coupées en lames et roulées dans une béchamel bien réduite, vous recouvrez avec les dix autres blinis, appuyez bien et laissez refroidir ; ensuite dans chaque blinis, vous taillez deux pièces soit au coupe-pâte rond ou ovale ; panez deux fois à l'œuf et faites frire ; servez sur serviette en pyramide.

PETITS PATÉS DE VÉSIGA (2).
(Pirajki is vesiga.)

Faites cuire six onces de vésiga dans une casserole d'eau, mettez quelques racines de céleri et persil, un peu de sel et laissez bouillir doucement jusqu'à entière cuisson du vésiga et des racines ; après quoi, vous égouttez le vésiga pour le hacher bien fin, taillez les racines en petits dés, hachez deux ou trois œufs durs, mêlez le tout dans un peu de béchamel très-réduite, assaisonnez de sel, poivre et muscade, persil haché ; vous taillez dans le plus grand coupe-

(1) Voyez blinis transparents.
(2) On trouve du vésiga chez M⁰ᵉ Dessaint, fruitière de S. M. l'Empereur, au marché de la Madeleine.

pâte rond des abaisses de feuilletage; vous mettez
un peu de cette farce au milieu, dorez les bords
pour les reployer en deux, de manière qu'ils aient la
forme d'une demi-lune; dorez le dessus et mettez
au four, l'on garnit ces pâtés avec toute espèce de
farce, de choux hachés, poisson, etc.

COULIBIAC DE FEUILLETAGE AUX CHOUX.

(Coulibiac slaïone s' kapoussta.)

Passez un gros oignon au beurre, pendant ce
temps, hachez très-fin un choux blanc, mettez avec
l'oignon et passez le tout au beurre jusqu'à ce que
les choux soient bien tendres; hachez quatre ou cinq
œufs durs, mêlez avec les choux, assaisonnez de sel,
poivre et muscade.

Vous aurez détrempé une livre de feuilletage auquel vous aurez donné six tours, vous le coupez en
deux pour en faire deux abaisses carrées longues,
il faut que celle de dessous soit un peu plus mince;
vous garnissez l'abaisse avec la farce de choux et
œufs, laissez un bord que vous mouillez pour unir
l'abaisse de dessus, parez le tour et dorez, rayez le
dessus comme le couvercle d'un gros pâté, faites
une ouverture dans le milieu avec la pointe du couteau et cuisez au four; lorsqu'il est cuit, coupez-le
par le milieu dans toute sa longueur, et ensuite dans

la largeur pour en former douze ou quatorze morceaux ; glissez-le dans son entier sur une serviette et sur un plat ovale.

PETITS PATÉS DE POISSON AUX FOIES DE LOTTE.

(Pirajkis is riba s' petschonka nalime.)

Levez les filets de quelques ierchis ou d'un petit sigui, taillez en morceaux et passez au beurre, assaisonnez et mettez un peu de persil haché ; préparez à part un peu de kache de sarrasin que vous assaisonnez d'un peu de sel et beurre fin lorsqu'il est assez cuit. Faites une quinzaine de petites abaisses rondes de pâte coulibiac (1) ; mettez dans le milieu un peu de kache de gruau et dessus le kache un peu de poisson ; mouillez avec un peu de dorure, rapprochez les bords ensemble sur le milieu, pincez la soudure avec le bout des doigts ou une pince à pâté, et laissez au milieu une toute petite ouverture ; laissez une demi-heure dans un endroit chaud pour lever, dorez et mettez au four ; lorsqu'ils sont cuits, rangez-les à côté les uns des autres sur un plat sans serviette, et saucez avec un salpicon de foies de lottes roulé dans une bonne allemande : ces petits pâtés doivent avoir une forme ovale.

(1) Voyez pâte à coulibiac.

RASTEGAIS AU SAUMON.
(Rastegaïs s' lassosse.)

Petits pâtés comme les précédents, seulement que l'on remplace le kache par du vésiga haché et mêlé d'un peu d'œufs durs hachés, et par-dessus des petits morceaux de saumon cru et assaisonnés de sel et poivre, et persil haché. Au moment de servir, on introduit par le trou du milieu, avec une petite cuillère, un peu de fond de poisson clarifié.

PETITS PATÉS DE SMOLENSK.
(Smolenski pirajki.)

Faites un kache détrempé au lait, avec de la semoule blanche, dite *smolenski kroupa* (1); lorsqu'il est bien cuit au four, vous le mettez dans un plat à sauter, il doit se séparer comme du sable ou de la mie de pain. Faites cuire quelques œufs durs que vous hachez ensuite, vous les passez un peu dans du beurre fondu, assaisonnez et mettez un peu de persil haché.

Faites une grande abaisse de feuilletage à sept tours, mettez de loin en loin un peu de kache et d'œufs, reployez le feuilletage dessus la farce après avoir mouillé les intervalles, et appuyez comme l'on fait

(1) Voyez kache de semoule de Smolensk.

pour les ravioles, taillez en carré et recommencez de même jusqu'à ce que l'abaisse et la farce soient employées ; dorez vos petits pâtés et mettez au four. On peut former dessus une petite rayure à la pointe du couteau.

VARÉNIKIS LITHUANIENS.
(Litoffski warénikis.)

Hachez un quart de bœuf cru, il faut prendre du filet de préférence, hachez à part un quart de graisse de rognon de bœuf, passez au beurre un oignon haché ; lorsqu'il est bien blond, ajoutez le bœuf et la graisse, assaisonnez de sel, poivre, muscade et persil haché ; lorsque le tout est bien passé, ajoutez une bonne cuillerée de béchamel réduite et laissez refroidir.

Préparez cinq œufs de pâte à nouilles, abaissez bien mince, mettez de loin en loin gros comme la moitié d'un œuf de farce et formez des grandes ravioles que vous coupez au coupe-pâte gaudronné ; cinq minutes avant de servir, vous les pochez à l'eau bouillante, vous les égouttez et mettez dans une casserole d'argent bien chaude ; versez dessus un peu de beurre fondu et servez.

PATE A COULIBIAC ET PETITS PATÉS RUSSES.

(Tiesta dla coulibiac i Rousski pirajkis.)

Mettez dans une casserole un verre de lait tiède et un peu de levure ; emplissez avec une demi-livre de farine, vous battez avec une spatule pour en former un levain bien lisse, mettez à revenir dans un endroit chaud ; lorsqu'il est prêt, ajoutez toujours dans la casserole une demi-livre de farine, une demi-livre de beurre fin fondu en pommade, six œufs entiers, un peu de sel et battez avec la spatule pour en faire une pâte bien lisse, ensuite vous saupoudrez la table de farine, vous y versez la pâte et la maniez un peu ; pour que la pâte soit remplie à son point, il faut qu'elle ne s'attache pas aux doigts, mettez-la dans une terrine et laissez-la de nouveau dans un endroit chaud pendant trois quarts d'heure, ensuite vous vous servez de cette pâte pour en former des coulibiacs ou petits pâtés russes.

Pour les coulibiacs, vous abaissez votre pâte d'une seule pièce de l'épaisseur d'un demi-doigt, vous mettez cette abaisse sur une serviette saupoudrée de farine, vous mettez sur cette abaisse la garniture destinée à votre coulibiac, soit poisson, viande, choux, etc., vous relevez sur le milieu les bords de l'abaisse que vous aurez d'abord dorés pour les bien souder ensemble, vous donnez une forme carrée longue, vous posez une plaque beurrée sur votre coulibiac, vous prenez ce qui dépasse de la serviette et retournez vivement le tout ensemble, afin que la soudure se trouve sur la plaque et le beau côté en dessus ; vous enlevez le trop de farine qui se trouve dessus et mettez une demi-heure dans un endroit chaud, dorez, semez dessus un peu de mie de pain et mettez au four ; lorsqu'il est cuit, barbouillez le dessus avec un pinceau trempé dans du beurre fondu, coupez en long et en large pour en former une douzaine de morceaux et glissez dans son entier sur un plat ovale garni d'une serviette. Pour les petits pâtés, l'on procède comme il est dit aux petits pâtés de poisson ou aux rastegaïs au saumon.

VATROUSCHKIS AU FROMAGE BLANC.
(Vatrouschkis s'twarogue.)

Passez au tamis à quenelles une demi-livre de twarogue, mettez dans une terrine et mêlez avec une demi-livre de beurre fin fondu en pommade, un peu de sel, ajoutez deux œufs et battez bien ; vous devez obtenir une crème lisse et épaisse comme de la crème pâtissière, vous faites des abaisses rondes de pâte à brioche ou à foncer, vous garnissez le milieu avec la crème susdite, vous lissez le dessus avec le couteau, vous mouillez les bords de l'abaisse et les relevez en

videlant comme l'on fait pour les bords de tourtes,
dorez le bord et le dessus et mettez au four quinze minutes avant de servir; dressez en pyramide sur une
serviette.

PETITS SOUFFLÉS WARSOVIENS.
(Maleinki soufflés warschawski.)

Préparez un appareil à blinis transparents (1), séparez en deux terrines, cuisez une moitié dans les petites poêles à blinis, tenez-les très-minces et servez-
vous-en pour foncer des moules à tartelettes beurrés,
ajoutez dans l'autre moitié d'appareil un peu de crême
fouettée, garnissez-en les tartelettes, mettez au four
et servez avec une saucière de beurre fondu ou crême
aigre.

SAUSSELIS FARCIS.
(Farchirowannié sausselis.)

Préparez une farce de poisson quelconque à laquelle vous ajouterez un peu de beurre d'anchois,
mettez cette farce entre deux abaisses de feuilletage
et procédez en tous points comme pour des dartois;
lorsqu'ils sont cuits, taillez et dressez sur une serviette.

(1) Voyez blinis transparents.

COULIBIAC D'ANGUILLE.
(Coulibiac s'ougréme.)

Préparez une pâte à coulibiac d'après la règle, vous en faites une abaisse que vous garnissez d'un lit de vésiga haché, un autre de kache de semoule, un autre de tronçons d'anguille cuits au vin blanc, recouvrez l'anguille d'un lit de semoule et ensuite un lit de vésiga haché, fermez votre coulibiac et procédez comme il est dit à l'article pâte à coulibiac.

PELLMENES SIBÉRIENS.
(Pellemenes sibirski.)

Faites un salpicon de jambon gras et maigre et de deux estomacs de gélinotes rôties, roulez le tout dans une espagnole bien réduite, assaisonnez de sel, poivre, muscade et persil haché, faites une pâte à nouilles légèrement beurrée, formez-en des ravioles de la grosseur d'un petit pâté, pochez à l'eau ou au bouillon, égouttez et servez dans une casserole d'argent, saucez avec un bon morceau de glace de volaille fondue avec la même quantité de beurre fin, jus de citron et persil haché.

PETITS PATÉS A LA TROITSKI.
(Pirajkis troïtskis.)

Préparez une pâte à coulibiac selon la règle, faites-
en des abaisses et garnissez d'une farce de veau préparée comme il est dit au pâté polonais, dorez les
bords et relevez en plissant pour en former des petits
pâtés ronds auxquels vous laissez une petite ouverture au milieu pour y introduire une petite cuillerée
de demi-glace au moment de servir.

PETITS PATÉS MOSCOVITES.
(Pirajki moskowski.)

Préparez une vingtaine d'abaisses rondes de pâte à
coulibiac, masquez le milieu de farce de brochet,
mettez un peu de kache de semoule de Smolensk et
par-dessus un petit morceau de poisson blanc (beleribitza) cru et assaisonné, formez des petits pâtés ovales
comme il est dit aux petits pâtés de poisson ou rastegaïs, et, au moment de les servir, introduisez par l'ouverture une bonne demi-glace avec persil haché et
jus de citron.

PETITS PATÉS AUX CAROTTES.
(Pirajkis s' markoffe.)

Taillez quelques carottes en dés comme pour brunoise (évitez d'y mettre le cœur), blanchissez et passez au beurre avec deux œufs durs hachés, un peu de persil et ciboulette hachés, une cuillerée de béchamel réduite, assaisonnez et laissez refroidir.

Taillez des abaisses rondes de feuilletage à sept tours, garnissez de salpicon de carottes, mouillez les bords et rapprochez-les pour former un petit pâté ovale, mettez-les sur une plaque légèrement mouillée, la soudure en dessus, dorez et rayez ; cuisez à four doux, dressez en pyramide sur une serviette et servez ; on peut varier la garniture de ces petits pâtés à l'infini ; par exemple, avec du riz et des œufs, des choux, du poisson haché, du hachi de bœuf, veau ou gibier, du salpicon de champignons, morilles, homards ou queues d'écrevisses, etc., etc.

PETITS PATÉS DE TAMBOW.
(Pirajkis tambowsski.)

Foncez une douzaine de tartelettes en pâte à foncer ou rognures de feuilletage, garnissez-les de riz ou orge et cuisez-les selon la règle ; pendant qu'elles cuisent, vous préparez un appareil de soufflé de génilotes (1), vous en emplissez une douzaine de moules à tartelettes beurrés, vous faites cuire dans un plat à sauter au bain-marie, vous nettoyez vos petites tartelettes de pâte, et lorsque vos petits soufflés sont prêts, vous les enlevez des moules pour les mettre dans les tartelettes de pâte ; vous mettez sur chaque un beau champignon tourné, masquez légèrement d'un peu d'allemande bien réduite et servez immédiatement sur serviette.

PETITS PATÉS AUX CHOUX AIGRES.

(Pirajkis s' kisslé kapoussta.)

Passez au beurre un oignon haché, lavez à deux eaux une demi-livre de choucroute, pressez-la bien et hachez-la, mettez dans la casserole avec l'oignon, mêlez, assaisonnez avec les épices voulues, ajoutez quelques cuillerées de bouillon et laissez cuire doucement ; préparez un peu de kache de sarrasin comme il est dit à l'article gruau de sarrasin ; garnissez des abaisses de rognures de feuilletage d'un peu de kache et de choux et procédez comme il est dit à l'article petits pâtés aux carottes.

(1) Voyez soufflé de gélinotes.

PETITS PATÉS CAUCASIENS.
(Pirajkis kawkaskaï.)

Faites une pâte à choux ordinaire sans sucre, étendez-la de deux lignes d'épaisseur sur une grande plaque d'office grassement beurrée, faites cuire au four doux d'une belle couleur blonde, coupez-en deux, enlevez de dessus la plaque et laissez refroidir; réduisez une béchamel à laquelle vous ajoutez un peu de parmesan râpé et quelques champignons coupés en lames, masquez-en une moitié de la pâte à choux et remettez l'autre moitié dessus; taillez en petits carrés longs comme des dartois, masquez partout de béchamel, panez-les, trempez à l'œuf battu et panez une seconde fois, donnez une forme bien égale avec la lame du couteau, faites frire et servez sur une serviette.

PETITS PATÉS LIVONIENS.
(Pirajkis liflandski.)

Ecrasez et passez au tamis à mic de pain de la mie de pain de seigle, mettez dans une casserole où vous aurez fait fondre un quart de beurre, mettez une cuillerée à potage de braise de bœuf ou veau, assaisonnez d'épices et mêlez bien pour en faire une sorte de panade bien desséchée, étalez sur un plafond à l'épaisseur d'un demi-doigt et laissez refroidir; pendant ce

temps, vous aurez préparé un peu de kache de semoule que vous aurez ensuite mêlé dans une terrine
avec un peu de beurre et persil haché; une demi-
heure avant de servir, vous taillez des abaisses de panade de seigle avec un coupe-pâte ovale, vous les
faites rissoler des deux côtés dans du beurre clarifié,
vous garnissez le dessus de kache, parsemez de parmesan râpé, égouttez du beurre avec le pinceau, faites prendre couleur au four et servez sur serviette le
plus chaud possible.

PETITS PATÉS TSCHOUKONETZ.
(Tschoukonskis pirajkis.)

Prenez des petites parties de pâte à coulibiac dont
vous emplissez des moules à darioles en laissant un
creux dans le milieu pour y mettre une crème de
twarogue comme pour les watrouschkis, recouvrez
d'un peu de pâte, laissez revenir à l'étuve, et quinze
minutes avant de servir mettez au four; servez sur
serviette en pyramide et à part une saucière de smitane.

PATÉ DE SARRASIN.
(Pirogue gretschnevoï.)

Foncez un moule à charlotte avec des pannequets,
comme il est dit à l'article pâté polonais, garnissez
avec un lit de kache de sarrasin, un lit d'œufs durs

hachés, un lit de parures de pannequets ciselés et alternativement jusqu'à ce que le moule soit plein, et finissez selon la règle.

TOURTE DE POISSON A LA RUSSE.
(Tourte is riba pa Rousski.)

Faites une livre de bonne pâte brisée, abaissez-la en rond et laissez-la un peu reposer, masquez le milieu de votre abaisse d'une farce de poisson au beurre d'anchois, rangez sur cette farce des filets de saumon et filets de siguis, soles ou merlans que vous aurez d'abord légèrement passés au beurre et jus de citron; dans le puits mettez un ragoût de champignons, queues d'écrevisses et quelques petites quenelles de poisson roulées dans un velouté bien réduit, vous mouillez le bord de votre abaisse et la relevez en la plissant, et la faites rejoindre sur le milieu en formant encore un rebord plissé qui doit laisser une ouverture dans le milieu, de manière que votre gâteau, étant terminé, ait quelque ressemblance avec une grande bourse se repliant sur elle-même; dorez et mettez au four, glissez-le sur une serviette et donnez quelques entailles tout autour en biaisant afin que l'on puisse se servir plus facilement; l'on garnit aussi ces tourtes de gribouis et morilles. (Voyez gribouis à la russe).

COULIBIAC DE SAUMON ET LAVARET.
(Coulibiac is lossosse i sigui.)

Préparez une pâte à coulibiac comme il est dit à l'article pâte à coulibiac, sautez au beurre et citron quelques filets de saumon et sigui, laissez refroidir; vous aurez fait cuire du vésiga selon la règle, hachez-le, passez au beurre une petite échalotte, mettez-y votre vésiga haché, un peu de persil et fenouil, et mêlez bien sur le feu; lorsqu'il est bien chauffé, vous le mettez dans une terrine à refroidir et mêlez-y légèrement quatre ou cinq œufs durs taillés en lames minces; vous aurez préparé un kache de semoule passé après sa cuisson dans le tamis à mie de pain; on peut remplacer ce kache par du riz cuit, de manière à ce que les grains se séparent; garnissez votre coulibiac comme il est dit à l'article coulibiac d'anguille et terminez de même.

PETITS PATÉS DE LA PETITE RUSSIE.
(Pirajkis Mâlarossisskis.)

Préparez une crême de lait caillé (twarogue) comme il est dit à l'article vatrouschki au fromage blanc, et laissez-la dans une terrine jusqu'au moment de vous en servir; détrempez ensuite une panade comme pour la pâte à choux, désséchez-la bien et laissez-la

refroidir couverte ; lorsqu'elle est froide, abaissez-la
bien mince et taillez dedans avec un coupe-pâte uni
une quarantaine de gros croissants, vous en masquez
vingt avec la crème susdite, de l'épaisseur d'un doigt;
recouvrez avec les vingt autres croissants, égalisez-
les bien et faites prendre couleur des deux côtés dans
du bon beurre clarifié : servez sur serviette.

VARÉNIKIS POLONAIS.
(Varénikis polsski.

Préparez une crème de twarogue (comme ci-dessus), ensuite faites une grande abaisse de pâte à
nouilles très-mince, garnissez de loin en loin d'une
cuillerée de crème, mouillez le tour et formez-en des
grandes ravioles taillées dans le coupe-pâte gaudronné, pochez à l'eau bouillante au moment de
servir, égouttez et servez dans une casserole d'argent,
versez dessus un quart de beurre très-fin fondu, et
donnez à part une saucière de crème aigre (smitane.)

ÇIERNIKIS POLONAIS.
(Çiernikis polsski.)

Prenez deux livres de twarogue bien pressé, mêlez avec une livre de farine, six onces de beurre
fondu, dix œufs, battez bien, assaisonnez de sel, poivre et muscade et passez au tamis, ajoutez encore

une demi-livre de farine et mêlez bien jusqu'à ce que
vous ayez obtenu une crême bien lisse, mettez un
essai à l'eau boilllante, s'il est trop délicat, vous pouvez ajouter un peu de farine, dans le cas contraire,
un peu de crême, roulez sur la table saupoudrée de
farine et donnez-leur une forme méplate et mettez à
mesure sur un couvercle de casserole fariné, jetez
dans l'eau bouillante, enlevez-les avec l'écumoire
pour les mettre de suite dans une casserole d'argent
bien chaude, saupoudrez d'un peu de parmesan râpé,
quelques cuillerées de beurre fin fondu, et servez
très-chaud.

NALESNIKIS POLONAIS.
(Nalesnikis polsski.)

Préparez une crême comme pour les vatrouschkis,
que vous enveloppez par petites parties dans des bandes de pannequets comme les kromeskis ordinaires;
dix minutes avant de servir vous les trempez dans la
pâte à frire, les jetez à la friture bouillante; égouttez
et servez en pyramides sur serviette.

PETITS PATÉS MOLDAVES.
(Pirajkis moldawskis.)

Préparez une livre de bonne pâte brisée, faites-en
une vingtaine d'abaisses rondes taillées dans un grand

coupe-pâte uni, garnissez chaque abaisse d'une cuillerée de crême à watrouschkis, mouillez le tour de l'abaisse et relevez-la sur le milieu de manière à ce que le petit pâté ait huit pans, dorez et cuisez à four chaud, dressez en pyramide sur serviette.

COULIBIACS ET PETITS PATÉS MAIGRES.
(Coulibiacs i pirajkis posstnié.)

Faites un levain ordinaire dans une casserole avec une demi-livre de farine, lorsqu'il est bien levé, ajoutez une autre demi-livre de farine, un demi-verre d'huile de Provence, un peu de sel, et battez bien cette pâte en y ajoutant un peu d'eau tiède et de farine de temps en temps; vous devez obtenir une pâte lisse qui ne doit plus s'attacher à la casserole, alors vous la laissez pendant deux heures à l'étuve, ensuite vous la roulez sur la table saupoudrée de farine pour vous en servir soit pour coulibiac ou petits pâtés divers.

Vous pouvez les garnir, comme il est marqué plus haut, de poisson, de vésiga, de kache de semoule ou sarrazin, mais seulement le beurre doit être remplacé par l'huile de Provence et il faut s'abstenir d'y mettre des œufs; en les mettant au four vous les mouillez dessus avec un pinceau trempé dans l'eau, et lorsque vous les sortez, vous les barbouillez avec un pinceau huilé; pour le maigre sans poisson, vous les garnissez simplement de kache de sarrazin ou de riz, dans lequel vous aurez ajouté un peu d'oignon passé à l'huile ou de champignons (gribouis) sautés à l'huile avec ciboulette et fenouil hachés.

PETITES CROUSTADES AU POISSON.
(Maleinki kroustades s' riba.)

Mettez une casserole d'eau à bouillir dans laquelle vous mettez un peu de sel et deux cuillerées d'huile de Provence, versez en remuant vivement une demi-livre de semoule, désséchez bien et mettez dans un plat à sauter huilé et sous presse, lorsque cela est froid, taillez dedans des petites croustades selon la règle; pour les paner vous battez un peu d'eau avec un peu de farine, vous les trempez dedans et roulez dans la mie de pain, faites frire dans l'huile de Provence, videz-les et garnissez avec un salpicon de laitances de carpes ou foies de lottes, saucé d'une bonne sauce au fumet de poisson et un peu de fenouil haché. On peut servir de même pour maigre des croustades de riz ou de pain.

VATROUSCHKIS A L'OIGNON.
(Vatrouschkis s' louke.)

Préparez une pâte à l'huile comme il est dit à l'article coulibiacs maigres, préparez des abaisses de deux lignes d'épaisseur et dix centimètres de largeur, garnissez le milieu d'une purée d'oignons dans laquelle il y aura un tiers de purée de riz que vous aurez réduit ensemble avec une ou deux cuillerées de velouté maigre, relevez les bords de la pâte en la plissant sur elle-même, mettez dans un endroit chaud pendant un quart-d'heure, mouillez le bord de pâte, mettez au four et huilez le bord avec un pinceau en les sortant du four; dressez en rond sur une serviette.

CROQUETTES DE RIZ AUX GRIBOUIS.
(Krokettes is risse s' gribame.)

Lavez et blanchissez une demi-livre de riz, rafraîchissez et mouillez avec du bouillon de gribouis (voyez bouillon de gribouis); assaisonnez de sel, poivre et muscade, taillez les gribouis qui ont servi à faire le bouillon en petits dés et mêlez avec le riz, ajoutez un oignon piqué d'un clou de girofle et faites cuire tout doucement; lorsque le riz est bien crevé, mêlez-le bien et versez sur un plafond pour en faire plus tard des croquettes panées au maigre et frites à l'huile de Provence, servez en pyramide sur serviette avec persil frit.

KACHES DIVERS.
(Razné Kaches.)

KACHE DE SARRASIN (pour servir après le potage.)
(Kache greschnevoï.)

Préparez en tout point comme il est expliqué à la page 35, seulement il faut absolument le cuire dans un pot de terre vernissé à l'intérieur, lorsqu'il est bien cuit, entourez le pot d'une serviette, mettez-le lui-même sur un plat avec serviette et servez à part des petits pains de beurre très-fin.

KACHE DE SARRASIN AU PARMESAN.
(Kache greschnevoï s' parmesane.)

Préparez comme ci-dessus du kache de sarrasin dans un pot de terre, lorsqu'il est bien cuit, enlevez la croûte de dessus, prenez-en par grandes cuillerées dont vous formez un lit dans une casserole d'argent, vous parsemez sur ce premier lit du parmesan râpé et un peu de beurre fondu ; faites un second lit et ainsi de suite jusqu'à ce que la casserole d'argent soit

à peu près pleine, vous saupoudrez la surface de fromage râpé et beurre fondu, faites prendre couleur et
servez sur serviette le plus chaud possible. On donne
deux saucières à part, une avec beurre fondu, et
l'autre avec un bon jus d'estouffade.

KACHE AUX GRIBOUIS.
(Kache s' gribame.)

Préparez du kache de sarrasin ou de semoule de
Smolensk (Smolenski kroupa), seulement avant de le
mettre au four, ajoutez-y quelques gribouis que vous
aurez émincés et légèrement passés au beurre, servez
avec le pot entouré d'une serviette et du beurre
très-frais à part.

KACHE AU MAIGRE.
(Posstné Kache.)

Faites un bouillon de gribouis (voyez bouillon de
gribouis); lorsqu'ils sont bien cuits, passez le bouillon à la serviette, mettez un peu d'huile de Provence et sur le feu, lorsqu'il bout, assaisonnez de sel
et versez soit du sarrasin ou semoule de Smolensk,
ajoutez les gribouis coupés en très-petits dés, mettez
dans un pot de grès au four; un quart d'heure avant
de servir, préparez un moule à charlotte ou façonné,

huilez-le et prenez votre kache par cuillerée pour le mouler; servez sur serviette avec une saucière de lait d'amandes.

KACHE POLONAIS.
(Kache Polsski.)

Triez et blanchissez une demi-livre d'orge mondé, faites bouillir tout doucement avec trois bouteilles de lait et gros comme un œuf de beurre fin, remuez toujours tout doucement jusqu'à ce que l'orge soit bien cuit; lorsqu'il est bien cuit, retirez du feu, mêlez-y une demi-livre de beurre très-fin, un peu de sel, six œufs bien frais battus en omelette et un demi-verre de crême aigre (*smitane*); mettez le tout dans un moule à charlotte beurré et, un quart d'heure avant de servir, poussez au four chaud; lorsqu'il a pris couleur, entourez le moule d'une serviette et servez. Il faut envoyer avec ce kache une saucière de crême double très-épaisse.

KACHE DE SMOLENSK.
(Smolenski kache.)

Mettez sur une plaque une livre de semoule de Smolensk, dite *Smolenski kroupa*, battez deux œufs frais et versez-les sur la semoule; rassemblez bien le tout ensemble, afin que toute la semoule se trouve humectée; mettez à l'étuve à sécher, et ensuite passez-la à travers une passoire fine, mettez bouillir deux bouteilles de lait avec une demi-livre de beurre, salez légèrement, versez la semoule, mêlez bien afin qu'elle n'attache pas au fond de la casserole; lorsqu'elle est bien cuite, mettez dans une casserole d'argent au four; servez avec une saucière de beurre fondu.

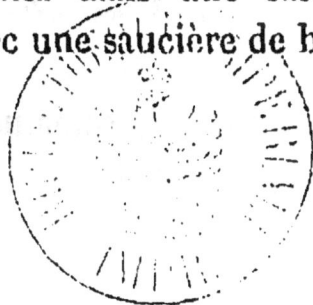

BLINIS.

De temps immémorial, il est d'usage, en Russie,
de manger des blinis la dernière semaine du carnaval (dite *Masslenitza*). Aussi de la plus humble
chaumière jusqu'au plus riche palais, chacun a ses
blinis toute la semaine et deux fois par jour; c'est
un régal pour tout le monde, et les seigneurs y attachent d'autant plus d'importance, qu'il est souvent
fort difficile de trouver des cuisiniers qui les réus-
sissent parfaitement; car l'exécution de ces blinis
qui, en réalité, paraît être peu de chose, réclame
une précision et un soin supérieur aussi bien dans
la préparation de l'appareil que pour la cuisson. Je
vais essayer, par les recettes suivantes, d'éclairer,
autant que possible, les personnes qui se trouveront
dans la nécessité d'en faire.

BLINIS DE SARRASIN.
(Blinis gretschnevoï.)

Mettez dans une casserole deux livres de farine
de sarrasin, de laquelle vous formez un levain à

l'eau tiède; (1) couvrez la casserole et mettez dans un endroit modérément chaud, laissez pendant quatre heures, alors ajoutez une livre de farine de froment, six jaunes d'œufs, une demi-bouteille de crème tiède et un peu de sel, mêlez bien le tout ensemble en battant légèrement pour en obtenir une pâte lisse et légère, ensuite incorporez les six blancs d'œufs fouettés très-ferme et la moitié du volume des six blancs d'œufs en crème fouettée, mêlez en enlevant la pâte très-légèrement comme du biscuit, et laissez encore vingt minutes à reposer avant de cuire.

CUISSON DES BLINIS.

Dès la veille, vous devez avoir soin de dresser dans votre four, près de la bouche, un petit bûcher carré, de manière à ce que vous ayez du bois bien sec au moment de cuire vos blinis, car ils se cuisent à la flamme; ce n'est qu'au moment où vous avez incorporé les blancs d'œufs à l'appareil, c'est-à-dire, trente minutes avant de servir, que vous allumez votre bûcher, pendant ce temps, vous préparez vos petites scowarodes (petites poêles rondes (2), sans queue,

(1) Trois cuillerées à bouche de levure liquide suffisent, ou trois onces de levure compacte.

(2) On trouve de ces petites poêles chez Mᵐᵉ Dessaint, fruitière de S. M. l'Empereur, au marché de la Madeleine.

de sept centimètres de largeur et un de profondeur), vous les chauffez un peu à la flamme pour bien les essuyer; vous avez auprès de vous, à droite de la bouche du four, une casserole avec du bon beurre clarifié et un pinceau; à gauche, deux casseroles d'argent pour y déposer les blinis à mesure qu'ils sont cuits; par terre, auprès de vous, un petit tas de bois sec pour en ajouter quelques morceaux de temps en temps à votre bûcher, à mesure qu'il s'affaisse, afin d'entretenir toujours une flamme égale; à côté de vous, à droite, un tabouret sur lequel vous mettez votre casserole d'appareil; ayez soin que la bouche du four soit excessivement propre. Quand tous ces petits préparatifs sont terminés, c'est alors que vous commencez la cuisson de vos blinis; pour cela, vous beurrez avec le pinceau six petites poêles, vous mettez dans chacune une cuillerée à ragoût d'appareil (que vous avez soin de prendre toujours en dessus pour ne pas remuer la masse, pour cela il ne faut pas rejeter la cuillère dans l'appareil), vous poussez vos petites poêles sous la flamme avec une petite pelle de un mètre de longueur; à mesure que vos blinis se colorent, vous passez le pinceau beurré dessus et les retournez avec la pointe du couteau, lorsque cet autre côté a pris couleur, vous les enlevez et mettez dans une des casseroles d'argent qui sont à votre gauche; lorsqu'il y en a une trentaine de cuits, vous les envoyez, car le mérite des blinis est d'être mangés chauds ; ce qui fait aussi leur qualité est d'être légers, croustillants et transparents ; pendant que l'on mange ceux que vous avez envoyés, vous avez le temps d'en cuire trente autres que vous mettez dans la seconde casserole d'argent, et ainsi de suite jusqu'à ce que vous ayez employé tout l'appareil. On sert ces blinis pour le déjeuner, comme premier plat, et au dîner après le potage ; l'on sert avec ces blinis une saucière de beurre très-fin fondu, et une saucière de crême aigre (*smitane*), ainsi qu'une petite assiette de caviar frais.

BLINIS CRÊME DE RIZ.
(Blinis s' riçowoï moukha.)

Même préparation que les précédents, seulement il faut remplacer la farine de sarrasin par de la farine de gruau, la plus fine et de première qualité, et la farine de froment par de la fleur de riz.

BLINIS DE GRUAU.
(Blinis kroupschatoï.)

Mettez dans une casserole deux livres de farine de sarrasin, formez-en un levain avec moitié eau tiède et lait tiède, et laissez reposer trois heures ; une heure et demie avant de servir, ajoutez à votre levain une livre de fleur de gruau, un peu de sel, six jaunes

d'œufs, une livre de crême aigre (*smitane*); mêlez
bien pour en obtenir une pâte lisse, mêlez légèrement les six blancs fouettés, laissez revenir vingt minutes avant de les cuire. (Voyez Cuisson des blinis).

BLINIS AUX ŒUFS.
(Blinis s' Ietzame.)

Préparez un des trois appareils à blinis précédents;
vous aurez auprès de vous, à votre droite, une terrine
dans laquelle il y aura une dizaine d'œufs durs hachés; à mesure que vous beurrerez vos petites poêles,
vous en mettrez une pincée, ensuite votre cuillerée
d'appareil et une autre pincée d'œufs sur l'appareil;
finissez de cuire comme il est dit plus haut.

BLINIS AU KACHE DE SARRASIN.
(Blinis s' gretschnevoï kache.)

Préparez un appareil à blinis et, lorsque vous les
cuisez, semez dans les petites poêles du kache de sarrasin préparé d'avance, mettez une cuillerée d'appareil, un peu de kache dessus et cuisez selon la
règle; avec ces blinis l'on sert des petits pains ou
coquilles de beurre très-fin et une saucière de
smitane.

BLINIS DE POMMES DE TERRE.
(Blinis kartofelnié.)

Prenez une vingtaine de belles pommes de terre bien farineuses, que vous faites cuire à la vapeur, épluchez et passez au tamis de Venise, mettez cette purée dans une casserole, ajoutez une demi-livre de beurre fin fondu et six onces de farine de froment, un peu de sel, une pincée de sucre, vingt jaunes d'œufs, un demi-verre de crème double, mêlez le tout ensemble, ajoutez les vingt blancs fouettés, mêlez légèrement et cuisez. Comme cet appareil est fait sans levure, on peut le faire au moment et le cuire immédiatement.

BLINIS DE POMMES DE TERRE
A LA LEVURE.
(Blinis kartofelnié s' drosjame.

Préparez un appareil à blinis de sarrasin, seulement de moitié dans toutes les proportions, et deux heures avant de cuire vos blinis préparez un autre appareil de blinis de pommes de terre comme au précédent article, et de même de moitié en toutes proportions; mêlez les deux appareils ensemble, il faut avoir soin qu'ils aient tous les deux la même consistance, sans quoi le mélange serait imparfait; lorsque

cette opération est terminée, laissez reposer et commencez à cuire dix minutes avant de servir ; envoyez
deux saucières de beurre fondu et smitane.

BLINIS A LA SEMOULE.
(Blinis s' manna kroupa.)

Faites bouillir un litre de lait, ajoutez 6 onces de
beurre très-fin, versez de la semoule que vous cuisez
comme pour un soufflé, mettez un peu de sel et une
pincée de sucre. Lorsque la semoule est bien cuite,
ajoutez huit jaunes d'œufs et mêlez avec un appareil
de blinis crême de riz avant d'y avoir mis les blancs
fouettés ; prenez les blancs des deux appareils, fouet-
tez-les et mêlez légèrement, laissez reposer vingt minutes et cuisez selon la règle.

BLINIS AIGRE-DOUX.
(Blinis kisslo sladki.)

Remplissez une bouteille de lait tiède, de farine de
froment pour en obtenir un levain ordinaire pas trop
compact, mêlez à ce levain un demi-verre de smitane
et laissez revenir à l'étuve, ajoutez ensuite douze jaunes d'œufs, un quart de beurre fondu, un peu de sel,
une pincée de sucre, remettez dans un endroit tiède
pendant deux heures ; lorsque cet appareil est levé
une seconde fois, ajoutez un demi-verre de crême

double et les douze blancs fouettés, laissez reposer encore vingt minutes et cuisez selon la règle ; envoyez avec deux saucières de beurre fondu et smitane.

BLINIS LIVONIENS.
(Blinis liflandski.)

Mettez dans une casserole huit œufs, mêlez-y huit cuillerées à bouche de farine ordinaire ; après avoir bien mêlé cette pâte qui doit être très-liante ; ajoutez petit à petit huit verres de lait, un peu de sel et une pincée de sucre, mêlez à cet appareil huit blancs d'œufs fouettés et huit cuillerées de crême fouettée, cuisez dans des petites poêles selon la règle.

BLINIS A LA FARINE DE BLÉ DE TURQUIE.
(Blinis is koukourousnoï moukha.)

Délayez une demi-livre de farine de blé de Turquie avec une bouteille et demie de lait bouillant, couvrez cette pâte et laissez refroidir, ajoutez alors une livre de farine de froment, une quantité suffisante de levure, délayez le tout avec du lait tiède pour en former un levain léger, mettez dans un endroit tempéré pendant deux heures, après quoi vous ajoutez six jaunes, un peu de sel, six blancs fouettés et la même quantité de crême fouettée, mêlez très-légèrement et laissez encore reposer une demi-heure; cuisez ensuite selon la règle et envoyez avec beurre fondu et crême aigre dans deux·saucières.

BLINIS AU PARMESAN.
(Blinis s' parmesanome.)

Préparez des blinis comme les précédents, et en les cuisant semez un peu de parmesan râpé sur le dessus seulement et au moment où vous mettez l'appareil dans les petites poêles; servez avec une saucière de crême aigre et une de beurre fondu.

BLINIS ROUGES AUX CAROTTES.
(Blinis krassné s' markow.)

Préparez un appareil de blinis de sarrasin (voyez blinis de sarrasin), auquel vous mélangez une purée de carottes cuites simplement à l'eau et très-rouges ; avant d'y amalgamer les blancs d'œufs fouettés, vous aurez dans une petite terrine des carottes cuites et hachées et vous en mettrez une pincée dans vos petites poêles et verserez dessus une cuillerée de votre appareil, cuisez selon la règle et servez dans une casserole d'argent, en ayant soin de tourner le côté où sont les carottes hachées en dessus ; servez avec deux saucières une de crême aigre et une de beurre fondu.

BLINIS AUX CHABOTS.

(Blinis s' sniatkis.)

Vous aurez dans une petite terrine une livre de ces tous petits poissons dits sniatkis, et au moment ou vous beurrez vos petites poêles, vous mettez une demi-douzaine de ces petits poissons crus, vous versez dessus une cuillerée d'appareil à blinis crême de riz et cuisez selon la règle : servez le côté où sont les petits poissons en dessus.

RELEVÉS DIVERS.

POISSON.
(Riba.)

ESTURGEON A LA RUSSE.
(Assétrine pa Rousski.)

Prenez un beau morceau d'esturgeon que vous nettoyez bien et mettez sur la grille d'une poisson-nière ; assaisonnez de sel, versez deux bouteilles de bon vin blanc, un peu de thym et de laurier, quelques parures de champignons, de racines de persil et céleris, et d'ogoursis salés, un oignon piqué de deux clous de girofle, un verre de jus d'ogoursis, gros comme un œuf de beurre fin, même quantité de glace de viande ou volaille ; faites partir et aussitôt la première ébullition mettez feu dessus et dessous, et laissez cuire tout doucement, après quoi vous enlevez avec soin votre esturgeon, vous le nettoyez des quelques parures qui pourraient s'y trouver adhérentes, le glissez sur le plat et l'entourez d'une garniture préparée de la manière suivante : Epluchez et taillez en olives des racines de persil et de céleri, blanchissez-

les et braisez dans un peu de bouillon léger, taillez
en gros losanges une douzaine de concombres salés
(ogoursis), blanchissez-les à l'eau bouillante dans un
poêlon d'office, afin de les obtenir bien verts, mettez-
les dans une casserole à réduire avec les racines blanches, ajoutez quelques champignons et petits oignons
blanchis, passez le fond de votre esturgeon sur cette
garniture et donnez quelques bouillons pour réduire
un peu; vous aurez aussi préparé des ogoursis farcis
comme suit : Prenez une douzaine d'ogoursis salés
bien égaux, coupez-les en deux sur la longueur, videz-
les un peu et jetez-les dans l'eau bouillante. Après
deux minutes d'ébullition, rafraîchissez-les, essuyez-
les bien et remplissez-les avec une farce de poisson
au beurre d'écrevisses, lissez bien le dessus avec la
lame du couteau, et décorez avec des truffes, mettez-
les à mesure dans un plat à sauter beurré, pour les
pocher avec du bouillon au moment de servir. Après
avoir glissé votre esturgeon sur le plat, et en avoir
enlevé la peau, vous mettez la garniture tout autour
et vous placez sur cette garniture vos ogoursis farcis
et décorés, si le fond se trouvait un peu trop clair, réduisez vivement et versez sur l'esturgeon; servez une
saucière de raifort, râpé et délayé avec un peu de
vinaigre, une pincée de sel et de sucre, une cuillerée
d'huile de Provence et un peu de persil haché.

ASPIC D'ESTURGEON A LA RUSSE.

(Kholodnaï s' assétrine pa Rousski.)

Cuisez une belle darne d'esturgeon comme il est
dit à l'article précédent, après son entière cuisson, enlevez-le de la poissonnière, retirez-en la peau et mettez à la glace, passez le fond à la serviette et mêlez-le
à une même quantité de bouillon de poisson que vous
aurez préparé avec des petites ierchis, petites perches
et quelques morceaux cartilagineux d'esturgeon,
fouettez dans une casserole un quart de caviar frais
avec trois ou quatre blancs d'œufs et un demi-verre
de sauterne, versez dessus le bouillon et fonds de poisson, mêlez continuellement sur le feu pour le clarifier et passez à la serviette tendue ; ensuite vous taillez
votre esturgeon en tranches minces, que vous rangez
symétriquement dans un grand moule ovale, uni ou
façonné (1), enfoncé dans la glace, vous emplissez à
mesure votre moule de gelée de poisson et de tranches
d'esturgeon, alternativement, et lorsque le moule est
plein, couvrez-le hermétiquement, pour bien le san-
gler de glace ; quelques minutes avant de servir démoulez sur un plat, et servez avec une saucière de
raifort comme il est dit plus haut.

(1) On trouvera un assortiment de moules d'entrées et
d'entremets des plus modernes, chez M. Trottier, 4, rue
Saint-Honoré.

ESTURGEON A LA BOURGEOISE.

(Assétrine po meschanski.)

Cuisez une darne d'esturgeon comme il est dit aux articles précédents, et vingt minutes avant de servir, cuisez à l'eau une trentaine de pommes de terre tournées en grosses olives; lorsqu'elles sont cuites, sautez-les avec gros comme un œuf de beurre fin et un peu de persil haché : pendant ce temps, vous aurez passé la cuisson de votre esturgeon à la serviette, pour la réduire avec une cuillerée à pot de bon velouté ; dressez votre darne d'esturgeon sur un plat après en avoir enlevé la peau, rangez les pommes de terre autour, saucez avec une partie de votre velouté et donnez le reste dans une saucière.

ESTURGEON A L'ESTHONIENNE.

(Assétrine po Estliandski.)

Cuisez une darne d'esturgeon comme il est dit plus haut, enlevez-la de sa cuisson et laissez refroidir sur glace; pendant ce temps, passez au beurre deux échalottes, ajoutez quelques gribouis, ou, faute de ceux-ci, des champignons hachés, un peu de persil haché, deux bonnes poignées de mie de pain fraîche, gros

comme un œuf de beurre fin; mêlez le tout ensemble
et ajoutez deux cuillerées à ragoût de bonne espagnole
réduite et froide, assaisonnez de sel, poivre et muscade; taillez ensuite votre esturgeon dans toute sa largeur en tranches minces, masquez chaque tranche
d'un peu du gratin susdit, et rapprochez-les l'une auprès de l'autre pour donner à l'esturgeon sa forme
primitive; masquez toute la surface d'un peu de gratin, semez dessus un peu de mie de pain et parmesan
râpé, égouttez un peu de beurre avec le pinceau et
mettez au four à chaleur modérée, pour que l'esturgeon soit bien chaud à l'intérieur; ensuite, colorez le
dessus à la salamandre, glissez sur le plat et servez
avec ou sans garniture. Dans ces deux cas, il faut envoyer une saucière avec le fond d'esturgeon réduit
avec une cuillerée à pot de bonne espagnole, un jus
de citron et persil haché et blanchi.

STERLET A LA RUSSE.

(Sterlède pa Rousski.)

Prenez un sterlet vivant auquel vous enlevez les
écailles du dos et du ventre et que vous ratissez avec
le dos du couteau, vous lui faites ensuite une incision
au ventre pour en extirper le nerf adhérent à l'épine
dorsale, il faut autant que possible prendre ce nerf à
sa naissance, c'est-à-dire auprès de la tête, avec les

dents d'une fourchette et l'enlever d'un seul trait dans toute sa longueur; après avoir bien lavé et essuyé votre sterlet, vous le mettez dans une poissonnière sur la feuille, vous préparez une garniture comme pour l'esturgeon à la russe ; lorsque vous avez blanchi tous ces ingrédients, vous les mettez avec le sterlet dans la poissonnière; ajoutez un petit morceau de beurre fin, un peu de glace, du vin blanc et un demi-verre de jus d'ogoursis, faites cuire doucement avec feu dessus et dessous et terminez en tout point comme pour l'esturgeon à la russe : vous pouvez ajouter des ogoursis farcis et décorés, et des grosses écrevisses auxquelles vous aurez enlevé la coquille. de la queue. L'on sert quelquefois, mais très-rarement, une saucière de raifort râpé ; en servant le sterlet, il faut mettre sur le dos dans toute sa longueur des lames de citrons sans zeste et sans pépins.

MATELOTTE DE STERLET A LA RUSSE.

(Matelote is sterledié pa Rousski.)

Prenez deux sterlets de moyenne grosseur, après les avoir nettoyés selon l'usage, vous les taillez en tronçons de grosseur suffisante pour une personne, vous les mettez dans une casserole avec la même garniture que l'esturgeon et cuisez de même; au moment de servir, rangez les morceaux de sterlets dans une cas-

sérole d'argent, mettez dessus quelques croûtons, ensuite la garniture et saucez avec le fond réduit. Il y a
des maisons en Russie où il y a des toutes petites cas-
serolettes d'argent dans lesquelles on sert un morceau
de sterlet avec sa garniture pour chaque convive; il
arrive aussi quelquefois que l'on serve un petit sterlet
à chaque personne; dans ce cas, l'on a soin d'avoir
des assiettes d'argent très-chaudes sur lesquelles on
dresse un sterlet avec garniture et sauce, et l'on en-
voie vivement une assiette à chaque personne.

ASPIC DE STERLET A LA RUSSE.

(Kolodnaï is sterledié pa Rousski.)

Il faut opérer en tout point comme pour l'aspic
d'esturgeon, seulement, il est indispensable d'ajouter
au fond de sterlet de la gelée de viande assez forte,
démoulez et croûtonnez, et servez avec une saucière
de raifort râpé.

TRUITES DE GATSCHINA AU NATUREL.

(Gatschinski forèlki natouralne.)

Une heure avant de servir, videz et nettoyez une
quinzaine de petites truites de Gatschina bien vivantes, vous leur passez une ficelle dans la tête et la

queue pour leur donner la forme d'une petite couronne, vous les trempez à mesure dans un peu de vinaigre bouillant et les plongez immédiatement à l'eau
roide, cette opération leur donne une couleur bleue
qui se conserve à la cuisson ; quelques minutes avant
de servir, cuisez-les à l'eau de sel, servez sur serviette
avec des petites pommes de terre cuites à la vapeur,
garnissez d'un peu de persil en branches, donnez une
saucière de beurre fondu ou des coquilles de beurre
très-fin sur une assiette.

TRUITES DE GATSCHINA A LA PROVEN-
ÇALE.

(Gatschinski forèlki po Provençalski.)

Préparez une bonne mirepoix mouillée avec deux
bouteilles de sauterne, dans laquelle vous cuisez une
douzaine ou plus de petites truites en forme de couronne, lorsqu'elles sont cuites, vous les laissez refroidir dans leur cuisson, ensuite vous en enlevez la peau,
vous les glacez et les dressez sur une vinaigrette ou
salade russe remplissant le fond d'un plat ovale, croûtonnez de gelée et servez avec une saucière de sauce
provençale.

SOUDAC A LA RUSSE.

(Soudac pa Rôusski.)

Videz et écaillez un beau soudac, faites-lui quelques entailles des deux côtés et mettez sur un plat d'argent un peu creux, versez dessus une demi-bouteille de chablis, un demi-verre de jus d'ogoursis, du fond de champignons de la cuisson de foies de lottes, un peu de cuisson d'écrevisses et d'huîtres, et mettez au four à cuire doucement; lorsqu'il est aux trois quarts cuit, versez toute la cuisson du poisson dans un plat à sauter et réduisez avec une ou deux cuillerées à pot de bon velouté, lorsque cette sauce est bien réduite, jetez dedans vos champignons, morceaux d'ogoursis, escaloppe de foies de lottes, huîtres et queues d'écrevisses, garnissez-en votre soudac dessus et autour, saupoudrez d'un peu de mie de pain frite, et mettez à four chaud jusqu'à parfaite cuisson du soudac et servez sortant du four.

SOUDAC A LA GRÊME AIGRE.

(Soudac pode smitane.)

Après avoir vidé et parfaitement nettoyé un soudac, faites-lui quelques entailles de chaque côté et mettez-le sur un plat d'argent, assaisonnez de sel, poivre et muscade et masquez-le d'une béchamel réduite à la crême aigre, mettez au four et saucez-le de temps en temps; lorsqu'il est aux trois quarts cuit, saucez-le une dernière fois et mettez à four très-chaud, afin de lui faire prendre couleur; servez à part une casserole d'argent de pommes de terre tournées en olives et cuites à l'eau, et une saucière de béchamel à la smitane; le soudac peut subir les mêmes préparations que le merlan et cabillaud, c'est-à-dire à la hollandaise, au gratin, frit, des entrées de filets froides et chaudes très-variées, des fritures, des quenelles, soufflés, etc., etc.

SOUDACS DU CABARET ROUGE.

(Soudaki is krassné kabake.)

Nettoyez quatre ou cinq moyens soudacs très-frais, coupez-les en tronçons de grosseur suffisante pour une personne, mettez-les dans un plat à sauter grassement beurré, assaisonnez de sel et poivre, versez une bouteille de haut Barsac, couvrez et faites bouillir vivement pendant dix minutes au moins, dressez vos morceaux de soudac sur un plat d'argent bien chaud, ajoutez à la cuisson du poisson une cuillerée à pot de velouté bouillant, gros comme un œuf de beurre très-fin, un jus de citron, un peu de persil haché et blanchi, mêlez le tout sans faire bouillir et versez sur le poisson.

SOUDAC A LA POLONAISE.

(Soudac po Polsski.)

Prenez un gros soudac tué depuis le matin, après l'avoir vidé et nettoyé selon la règle, taillez-le en tranches dans toute son épaisseur, replacez-les auprès l'une de l'autre sur une grille de poissonnière, et, un quart d'heure avant de servir, plongez-les dans l'eau bouillante salée à point, laissez cuire et ensuite glissez-le dans son entier sur un plat de relevé ; faites fondre à peu près une livre de beurre très-fin dans lequel vous ajoutez une douzaine d'œufs durs hachés grossièrement, un jus de citron, sel, poivre et muscade, et un peu de persil haché et blanchi, masquez-en votre soudac dessus et autour, et servez avec une sauce hollandaise.

SOUDAC FROID A LA PROVENÇALE.

(Soudac kholodne po Provençalski.)

Préparez une forte mirepoix mouillée avec deux bouteilles de chablis, videz et nettoyez un soudac, mettez-le sur une grille dans une poissonnière et versez la cuisson froide dessus, faites bouillir doucement jusqu'à entière cuisson du soudac, laissez-le refroidir dans son fond, et, après l'avoir bien nettoyé, glissez-le sur un plat de relevé; masquez-le entièrement d'une mayonnaise fouettée à la gelée, garnissez le tour d'une vinaigrette ou salade russe, et servez avec une sauce provençale à part.

SOUDAC A LA LITHUANIENNE.

(Soudac po Litowski.)

Cuisez un soudac comme à l'article précédent, et servez-le chaud entouré de riz gratiné d'une belle couleur blonde, dans lequel vous ajouterez un peu de poivre de Cayenne; servez une sauce au beurre d'anchois à part.

PATÉ CHAUD DE SOUDAC.

(Pastète garètsche is Soudac.)

Levez les filets d'un soudac, faites-les mariner pendant deux heures dans un peu d'huile, persil, thym, laurier et échalottes émincées, avec les parures, faites une bonne farce à quenelles; beurrez un moule à pâté ovale ou rond, foncez-le avec une pâte à coulibiac, garnissez le fond et les parois de farce de poisson, rangez les filets que vous aurez retirés de leur marinade, ajoutez quelques foies de lottes aux trois quarts cuits, quelques truffes et champignons, recouvrez avec un peu de farce et une abaisse de pâte, et mettez au four une heure et demie ou deux heures, selon la grosseur du pâté; avant de le servir enlevez la croûte de dessus, saucez un peu avec une sauce fines herbes, et donnez-en à part dans une saucière. On fait le même pâté avec du saumon et du sterlet.

PATÉ MOLDAVE AU POISSON.

(Pastête Moldawski s' Riba.)

Détrempez à l'eau bouillante et salez à point une livre et demie de polenta (semoule de blé de Turquie), lorsqu'elle est bien cuite et bien consistante, ajoutez un quart de beurre fin, mêlez vivement et versez dans un moule à pâté beurré grassement et qui sera sur un plafond également beurré, il faut que le moule se trouve bien plein; alors mettez un couvercle de casserole beurré dessus et un poids quelconque pour mettre en presse, pendant que ceci refroidit, préparez des filets de saumon, siguis, soudac ou autres poissons que vous arrangez dans des plats à sauter avec un peu de beurre et jus de citron ; préparez à part une petite garniture de foies de lotte, champignons, queues d'écrevisses et quelques petits

oignons, le tout saucé d'un velouté bien réduit au
fumet de poissons ; une heure avant de servir, mettez le pâté de polenta au four très-chaud, lorsque
vous vous apercevrez que le tour a pris une belle
couleur bien blonde, et formé une croûte assez résis-
tante, vous enlevez l'intérieur, de manière à obtenir
une croûte de pâté chaud, vous sautez légèrement
vos filets de poisson que vous arrangez à mesure dans
la croûte (qu'il ne faut pas sortir du moule), ajoutez-y
la garniture, et lorsque le pâté se trouve rempli,
masquez encore d'un peu de velouté très-réduit,
saupoudrez de mie de pain et de beurre fondu, faites
prendre couleur au four, démoulez et servez sur serviette. On sert avec ce pâté une sauce suprême au
fumet de poisson et finie avec un peu de beurre d'ail.

BROCHET A LA VILLAGEOISE.

(Schouka po dérévênski.)

Videz et enlevez les écailles d'un brochet, et lorsqu'il est parfaitement nettoyé ; mettez-le dans une
poissonnière sur la grille ; assaisonnez de sel et poivre et versez dessus une demi-livre de beurre fondu,
mettez au four à prendre couleur en ayant soin de
l'arroser de temps en temps, lorsqu'il est d'une belle
couleur, versez dans la poissonnière de la crême aigre (smitane) de manière à ce que le brochet y bai-

gne à moitié, finissez de cuire, et au moment de
servir, enlevez votre brochet que vous glissez sur un
plat bien chaud ; réduisez un peu la cuisson du poisson pour en saucer votre brochet et envoyez le
reste dans une saucière.

BROCHET A LA POLONAISE.

(Schouka po Polsski.)

Taillez en gros dés divers légumes et racines que
vous passez grassement au beurre avec thym et laurier ; lorsqu'ils sont assez colorés, ajoutez une livre
de raisin noir écrasé, une bouteille de bon Madère,
un verre de rhum, une demi–livre de beurre fin, le
jus de quatre citrons, sel, poivre et muscade, et à
peu près une demi-livre de glace de volaille, mêlez
le tout ensemble afin que le beurre et la glace se fon-
dent, versez ensuite cette cuisson dans une poissonnière, mettez votre brochet sur sa feuille dans cette
cuisson, mettez le couvercle que vous calfeutrez partout avec de la pâte, mettez au four à cuire doucement, une heure et demie avant de servir ; vous
aurez au bain–marie une espagnole bien réduite à
laquelle vous ajouterez quelques cuillerées de la cuisson du brochet bien dégraissée, et que vous enverrez
dans une saucière ; quant au brochet vous le glisserez
avec précaution sur un plat et l'arroserez de sa cuisson

dégraissée et passée à la serviette. On sert aussi quelquefois ce brochet farci.

MATELOTTE DE TRUITE A LA RUSSE.

(Matelotte is Forèle pa Rousski.)

Cuisez dans une mirepoix mouillée au madère une belle truite, ajoutez un morceau de glace de viande et de beurre, et laissez bouillir doucement jusqu'à entière cuisson, au moment de servir, glissez votre truite sur un plat bien chaud et garnissez d'une matelotte composée de petits oignons glacés, ogoursis taillez en gros losanges et blanchis, queues de grosses écrevisses, champignons, olives, cornichons, quelques racines de persil et céleris blanchies et braisées, quelques petites carottes braisées à part, et enfin quelques câpres ; vous mêlez toute cette garniture avec une sauce gênevoise au Laffite, garnissez la truite et envoyez le reste de la sauce dans une saucière.

LAVARETS FARCIS A LA LIVONIENNE.

(Siguis Farchirowannié po Liflandski.)

Nettoyez deux ou trois siguis de moyenne grosseur, fendez-les sur le dos pour enlever l'arête dans toute sa longueur ; assaisonnez l'intérieur de sel et poivre, et garnissez d'un gratin composé d'échalottes hachées et passées au beurre, de champignons et de truffes hachées et mêlées avec deux fortes poignées de mie de pain fine, et deux cuillerées de velouté très-réduit, cousez les siguis après les avoir farcis, mettez dans un grand plat à sauter ou caisse à bain-marie, salez-les légèrement et versez dessus une bouteille de bon Porter, mettez au four et arrosez de temps en temps jusqu'à parfaite cuisson ; ils doivent être d'une belle couleur dorée, enlevez avec précaution pour les mettre sur le plat, retirez les ficelles, et versez dessus le peu de Porter qui reste dans le plat à sauter ; coupez les siguis sans les déformer et servez.

BRÊME A L'ESTHONIENNE.

(Leschi po Estandski.)

Ecaillez, videz et lavez une brême bien fraîche, assaisonnez l'intérieur et garnissez d'une farce de poisson au beurre d'écrevisses, cousez le ventre et mettez dans un plat à sauter grassement beurré et faites cuire au four doux ; lorsqu'il est au trois quarts cuit, versez un peu d'espagnole réduite au fumet de champignons et la même quantité de crême aigre (smitane), et finissez de cuire en l'arrosant souvent ; lorsqu'elle est cuite, enlevez votre brême avec pré-caution pour la glisser sur le plat, passez la sauce à l'étamine et saucez votre brême, donnez le reste dans une saucière.

CARPE A LA RUSSE.

(Karpe pa Rousski.)

Ecaillez, videz et nettoyez parfaitement une belle carpe, après l'avoir bien essuyée, salez et farinez-la, et mettez dans un plat à sauter grassement beurré et deux verres de vin blanc ; cuisez au four en l'arrosant de temps en temps, faites prendre une couleur bien blonde, lorsqu'elle est cuite, vous préparez sur un plat d'argent un lit de choucroûte préparée selon l'usage, mettez votre carpe dessus et dressez à l'entour des petits bouquets d'oignons glacés, olives, champignons, ogoursis coupés en gros losanges et blanchis, quelques cerises marinées, cornichons et racines de persil ; servez avec une sauce au raifort chaude, préparée de la sorte : un bon velouté réduit, auquel vous ajoutez, cinq minutes avant de servir, quatre cuillerées de crême aigre, trois cuillerées de raifort râpé et un peu de vinaigre réduit.

CARPE A LA POLONAISE POUR LA VEILLE DE NOEL.

(Karpe po Polsski dla Rojdestwennskago Sotschelnika.)

Ecaillez, videz et lavez une belle carpe, mettez-la sur la feuille grassement beurrée d'une poissonnière, mettez un bouquet garni et quelques parures de divers légumes ; assaisonnez de sel, poivre et muscade, et mouillez avec deux bouteilles de sauterne et une de bordeaux ; deux heures avant de servir mettez au four pour faire cuire doucement, lorsqu'elle est aux trois quarts cuite, passez et dégraissez le fond, remettez votre carpe dans la poissonnière et finissez-la de cuire à la bouche du four ; pendant ce temps vous réduisez votre fond en lui ajoutant six cuillerées de bon miel et la même quantité de panade de pain d'épices passée à l'étamine ; au moment de servir, jetez dans votre sauce une poignée d'amandes en filets et saucez-en votre carpe, servez le reste de la sauce dans une saucière.

RELEVÉS DE BOUCHERIE.

Miaçe.

FILET DE BOEUF A LA NAPOLITAINE AUX RAISINS.

(Filet po Neapolitanski s' izioume.)

Parez et piquez un filet de bœuf selon la règle, braisez–le avec moitié Madère et Malaga, et une livre de raisin frais écrasé, pendant qu'il braise vous épluchez et lavez une demi–livre de raisin de Corinthe, une demi–livre de Smyrne et une demi–livre de Malaga, mettez ces trois sortes de raisins dans une casserole; quinze minutes avant de servir passez la moitié du fond de votre filet de bœuf, dégraissez–le et mettez avec les raisins, faites–les bouillir quelques minutes et, au moment de servir maniez sur un couvercle ou assiette, une demi–livre de gelée de groseilles, avec deux cuillerées à bouche de raifort râpé, mettez dans vos raisins bouillants et remuez comme pour lier des petits pois; enlevez votre filet, décou-

pez-le, mettez sur plat avec les raisins autour, glacez-le
et servez; envoyez une saucière de bonne espagnole
réduite au madère.

FILET BRAISÉ A LA MOLDAVE.

(Filet Touschone po Moldawski.)

Parez un filet de bœuf selon la règle, et traversez-
le de part en part avec de gros lardons de lard et de
jambon cuit, foncez une huguenote oblongue de
terre, de quelques racines de céleri et persil, carottes,
oignons et bouquet garni, quatre pieds de veau coupés en deux et blanchis; assaisonnez votre filet et
mettez-le sur les pieds de veau, versez une bouteille
de madère et deux ou trois cuillerées à pot de bon
bouillon, mettez sur votre filet huit ou dix tomates
coupées en deux, fermez hermétiquement avec de la
pâte autour du couvercle et cuisez pendant trois heures; au moment de servir taillez votre filet en tranches
pour le remettre dans la huguenote, retirez le bouquet garni et servez tel quel sur une serviette avec le
couvercle.

LANGUE DE BŒUF A LA MENSCHIKOFF.

(Iasike Voloviė à la Menschikoff.)

Blanchissez deux langues fraîches de bœuf et cuisez-les dans une bonne mirepoix mouillée avec deux bouteilles de vin de Graves, lorsqu'elles sont cuites, enlevez l'enveloppe des langues, taillez en tranches bien égales, dressez dans leur forme première sur un plat et entourez d'une garniture de petits oignons glacés, de champignons, de raisins de Smyrne et de cornichons, le tout disposé en petits tas; servez à part une sauce Madère après en avoir un peu saucé les langues.

POITRINE DE VEAU A LA COURLANDAISE.

(Telatsche groudinka po Kourlandski.)

Parez une belle poitrine de veau, faites une ouverture dans son épaisseur et dans toute la largeur, sans pourtant que la lame du couteau traverse, garnissez ce vide de pruneaux, desquels vous aurez extrait les noyaux et que vous rangerez auprès l'un de l'autre, cousez l'ouverture hermétiquement, mettez dans une casserole à braiser avec divers légumes et bouquet garni, quelques cuillerées de bouillon, un quart de

beurre, e mettez au four une heure et demie ; lorsqu'elle est aux trois quarts cuite, arrosez-la souvent,
glacez et colorez, ensuite coupez les ficelles, coupez en
tranches, mettez sur plat avec de la purée de pommes de
terre sur les flancs, et des petits oignons glacés sur les
deux bouts ; servez une saucière de bonne espagnole.

TÊTE DE VEAU FARCIE A LA LIVONIENNE.

(Galowka Telatsche farchirowannié po Liflandski.)

Prenez une tête de veau bien blanche, laissez-la
dégorger quarante-huit heures en ayant soin de la
changer d'eau très-souvent, mettez-la tout entière
dans une grande casserole d'eau froide sur le feu,
lorsque l'eau bout, enlevez-la pour la plonger immédiatement à l'eau froide, lorsqu'elle est bien rafraî-
chie, désossez-la avec soin pour l'avoir bien entière,
flambez et nettoyez-la bien, enlevez les yeux et l'intérieur des oreilles, emplissez-la d'une bonne farce à
galantine avec pistaches, lardons, langue et truffes,
ficelez-la de manière à lui conserver sa forme primitive, enveloppez d'une serviette beurrée, entourez
de ruban de fil, donnez trois heures de cuisson dans
une bonne mirepoix mouillée d'une bouteille de madère et bouillon blanc, après quoi vous l'enlevez de
sa cuisson pour la laisser refroidir, le lendemain vous
la taillez en tranches sans lui faire perdre sa forme et

la mettez sur un plat, la glacez et formez les yeux
avec du blanc d'œufs et de la truffe; quant aux
oreilles, vous les-aurez d'abord enlevées avant de cuire
la tête, et les aurez mises à cuire ensemble, vous
leur donnez, lorsqu'elles sont encore chaudes, la
orme voulue pour les replacer au moyen de hatelets;
décorez et garnissez de gelée; envoyez avec une sauce
ravigote et une au raifort râpé.

CHAUFROID DE TÊTE DE VEAU A LA VARSOVIENNE.

(Kholodne is Telatsché Galowka po Warschawski.)

Procédez en tout point comme pour la tête de
veau en tortue, mettez vos morceaux de tête de veau
légèrement en presse, lorsqu'ils sont bien froids, parez-les tous bien égaux, sauf les oreilles, dont on ne
se sert pas; masquez-les d'une bonne sauce chaufroid brun, foncez un moule sur glace avec de la
gelée de viande, rangez symétriquement quelques
morceaux de cervelles, quelques raisins de Smyrne
et des amandes en moitiés que vous aurez fait bouillir
un moment dans un demi-verre de vin blanc, rangez
les morceaux de tête de veau, garnissez de gelée et
ainsi de suite jusqu'à ce que votre moule soit plein,
lorsque le tout est bien froid, dix minutes avant de

servir, démoulez et croûtonnez; envoyez une sauce au raifort avec.

ASPIC DE POITRINE A LA RUSSE.

(Stoudène is groudinoke pa Rousski.)

Après avoir blanchi six pieds de veau et une poitrine, vous les rafraîchissez bien, taillez la poitrine en morceaux bien égaux, mettez à cuire dans un grand bouillon, garnissez de légumes et bouquet garni, et laissez cuire doucement; lorsque la poitrine et les pieds sont cuits, égouttez-les sur un plat, assaisonnez de sel poivre et muscade, ensuite passez la cuisson à la serviette, dégraissez et clarifiez, après quoi vous mettez un moule à la glace, foncez-le de cette cuisson clarifiée, rangez les pieds et les morceaux de poitrine que vous aurez parés d'abord et emplissez votre moule; dix minutes avant de servir, démoulez, croûtonnez et servez avec une saucière de raifort râpé mêlé avec un peu de vinaigre et de crème aigre (smitane), persil et fenouil hachés, une pincée de sel et de sucre.

QUARTIER DE MOUTON A LA MOSCOVITE.

(Barannié boke po Moskowski.)

Blanchissez et cuisez dans du bon bouillon avec légumes et bouquet garni, le poumon, cœur et foie d'un mouton, lorsqu'ils sont cuits égouttez-les, laissez refroidir et hachez le cœur et le poumon, râpez le foie et mêlez le tout avec du kache de sarrasin, (voyez page 35); assaisonnez de sel, poivre et muscade, ajoutez un bon morceau de beurre; désossez un quartier de mouton, assaisonnez l'intérieur et remplissez-le de la farce susdite, ficelez de manière à ce qu'elle ne ressorte pas, mettez votre quartier dans une casserole grassement beurrée, faites prendre couleur partout, mouillez avec la cuisson des intestins et faites cuire doucement pendant quatre heures, après quoi vous enlevez votre mouton, débridez et découpez avec soin, glacez et servez dans une saucière son jus passé à la serviette et dégraissé.

MOUTON A LA GÉORGIENNE.

(Barane po Grousinski.)

Enlevez toutes les chairs d'un gigot de mouton bien rassis, taillez-les en fortes escaloppes; assaisonnez de sel, poivre et muscade, mettez-les dans une terrine avec un peu d'huile, persil, oignons et laurier; pendant qu'elles marinent, lavez une livre de riz, mouillez peu avec du bon bouillon; assaisonnez de sel et poivre, un oignon piqué de deux clous de girofle, une demi-livre de beurre et cuisez selon la règle, en ayant soin de faire gratiner le riz au fond de la casserole; quinze minutes avant de servir, enlevez vos escaloppes de leur marinade, grillez-les à feu ardent, prenez votre riz par cuillerées que vous rangez auprès l'une de l'autre sur le plat, couvrez-le avec le gratin qui doit s'émietter, dressez sur le milieu vos escaloppes de mouton grillées, versez dessus quelques cuillerées de bonne demi-glace, et envoyez-en une saucière à part.

COTELETTES DE PORC FRAIS A LA COUR-LANDAISE.

(Kotlettes is swinia po Kourlandski.)

Parez et panez d'abord à l'œuf, et ensuite au beurre, des côtelettes de porc frais, grillez-les et garnissez de choux rouges dans lesquels vous aurez fait cuire en même temps une vingtaine de beaux marrons; envoyez une saucière de bonne espagnole avec un jus de citron et persil haché.

ÉLAN A LA POLONAISE.

(Losse po Polsski.)

Levez et parez un filet d'élan, piquez et marinez pendant trois jours, faites rôtir aux trois quarts, coupez en tranches et rapprochez-les ensemble en garnissant chaque tranche d'une farce de fines herbes, donnez-lui sa forme primitive, masquez le dessus de cette même farce, saupoudrez de mie de pain un peu de beurre fondu et mettez au four à prendre couleur, glissez-le ensuite avec précaution sur votre plat, et garnissez le tour de pommes de terre farcies, donnez avec une sauce poivrade.

COCHON DE LAIT FROID.

(Paraçionoke kholodne.)

Prenez un petit cochon de lait bien blanc, dépecez le et mettez les morceaux à blanchir, rafraîchissez et masquez dans une casserole avec divers légumes, bouquet garni, oignon piqué de deux clous de girofle, mouillez grandement avec une demi-bouteille de sauterne et bouillon blanc, laissez bouillir jusqu'à entière cuisson, après quoi vous enlevez chaque morceau que vous rangez dans un grand plat à sauter sur la glace, passez la cuisson à la serviette, dégraissez et versez dans le plat à sauter de manière à ce que les morceaux de cochon de lait soient couverts, laissez refroidir jusqu'à congélation, et au moment de servir, vous enlevez avec une cuiller chaque morceau entouré de sa gelée, vous les rangez sur un plat d'argent très-froid, envoyez avec une sauce au raifort râpé mêlé avec un peu de vinaigre, bouillon froid, une pincée de sel et sucre.

COCHON DE LAIT BRAISÉ A L'ESTHO-NIENNE.

(Paraçionoke touschone po Estlandski.)

Prenez un petit cochon de lait bien blanc, mettez le dans une poissonnière grassement beurrée, faites-lui prendre couleur de toutes parts, garnissez de carottes tournées et blanchies, un bouquet garni, assaisonnez de sel et de poivre; versez une bouteille de Xérès, faites bouillir vingt minutes, ajoutez ensuite deux cuillerées à pot de bon bouillon et deux gousses d'ail; lorsqu'il est aux trois quarts cuit, ajoutez une vingtaine de moyens oignons blanchis et quelques pommes de terre tournées en olives, laissez cuire en arrosant de temps en temps avec son fond. Lorsqu'il est cuit, découpez avec précaution et replacez chaque morceau dans son état naturel, garnissez le tour et servez dans une saucière la cuisson passée à la serviette et dégraissée.

COCHON DE LAIT A LA PETITE RUSSIENNE.

(Paraçionoke po mâla Rossisski.)

Préparez et farcissez un petit cochon de lait d'une farce à galantine avec lardons, langue et truffes, enveloppez d'une serviette et cuisez selon la règle ; dix minutes avant de servir, débalez, découpez avec soin, et servez avec une garniture de morilles au velouté ; donnez une saucière d'allemande.

ÉLAN A LA LITHUANIENNE.

(Losse po Litowski).

Levez et parez un filet d'élan, marinez-le trois jours sans le piquer, le jour où vous voulez le servir, retirez-le de sa marinade, essuyez-le bien et faites cuire doucement dans un plat à sauter creux, grassement beurré, avec une cuillerée à pot de bon bouillon ; lorsqu'il est aux trois quarts cuit, versez de la crème aigre (smitane), de manière à ce que le filet baigne à moitié. Lorsqu'il est cuit enlevez-le, passez le fond à l'étamine, pour le tenir chaud au bain-marie, taillez le filet en tranches, que vous trempez à mesure dans

8.

une béchamel très-épaisse, vous replacez les tranches pour remettre le filet dans son entier sur un plat d'argent, saupoudrez le dessus d'un peu de mie de pain et du beurre fondu, faites prendre couleur vivement. Garnissez de pommes de terre sautées au beurre et servez la cuison de crême aigre dans une saucière.

ENTRÉES.

FILETS DE SOUDAC A LA RIGOISE.

(Filets is soudac po Rigski.)

Levez des filets de soudac et parez-les de forme carrée longue comme des paupiettes, assaisonnez de sel et poivre et marinez une heure dans l'huile, jus d'un citron, quelques feuilles de persil, oignon en tranches, thym et laurier, ensuite égouttez-les, essuyez et garnissez chaque filet de champignons cuits et taillés en lames minces, recouvrez légèrement d'une farce de poisson au beurre d'anchois, roulez-les en forme de petits barils, panez-les deux fois et faites frire dans une bonne friture bien claire, dressez en pyramide avec du persil frit.

Comme je l'ai dit à l'article scudac à la crème aigre, ce poisson peut subir les mêmes préparations qu'en France le merlan et les soles, de sorte que l'on peu varier les entrées de filets à l'infini et pour ne pas sortir de la règle que je me suis imposée de ne décrire que des recettes essentiellement russes ; je m'abstiendrai de parler des entrées de filets de soudac qui pourraient rentrer dans la catégorie des entrées françaises et dont la seule différence n'existerait que dans le nom du poisson.

PATÉ DE POISSON A LA MOLDAVE.

(Pastête is Riba po Moldawski,)

Foncez un moule à pâté d'une bonne pâte à foncer, garnissez le fond et les parois d'une bonne farce de saumon dans laquelle vous aurez ajouté des champignons, truffes blanches et persil hachés, rangez sur le premier lit de farce des filets de gelinotes, recouvrez de farce et de nouveau des filets de gélinotes, et ainsi de suite jusqu'à ce que le pâté soit plein, après quoi vous le recouvrez d'une abaisse de pâte et faites un petit décor dessus avec la même pâte, pincez la crête, dorez et mettez au four une heure ou deux, au moment de servir, faites seulement une incision au tour du couvercle et servez-le sur serviette, donnez avec une saucière de sauce normande aux huîtres et beurre d'anchois.

PERCHES A LA DORPAT.

(Okouni po Dorptski.)

Videz et nettoyez parfaitement une dizaine de perches, faites cuire à l'eau de sel garnie de quelques
légumes et feuilles de persil, thym et laurier. Lorsqu'elles sont cuites enlevez les écailles et rangez-les
auprès l'une de l'autre sur un plat d'argent, masquez-
les symétriquement de blancs d'œufs durs hachés,
de jaunes d'œufs, de persil haché et de mie de pain
frite, coulez dessous un beurre maître-d'hôtel légèrement fondu, et arrosez un peu les perches avec
précaution pour ne pas entraîner la garniture dont
elles doivent être masquées, servez le plus chaud
possible.

LAVARETS AUX HUITRES.

(Siguis s' Oustritzame,)

Prenez cinq ou six petits lavarets vivants, videz et
nettoyez-les, assaisonnez de sel, poivre et muscade,
mettez-les sur un plat d'argent grassement beurré et
finissez en tout point comme pour les soles nor-
mandes.

Les lavarets ou siguis peuvent aussi bien que les

soudacs subir la même préparation pour entrées de filets froides et chaudes.

LAVARETS A LA FINLANDAISE.

(Siguis po Finnlandski.)

Videz et nettoyez parfaitement quelques petits siguis, faites-leur une incision au dos dans toute la longueur pour en extraire l'arête principale, assaisonnez l'intérieur et garnissez d'une farce de poisson dans laquelle il doit entrer pour moitié comme chair du filet de hareng salé; lorsque vos siguis sont farcis, vous faites des abaisses de feuilletage à huit tours, vous les garnissez d'oignon ciselé et passé au beurre, vous posez un siguis sur une abaisse, vous l'enveloppez et soudez avec de la dorure, vous lui donnez bien la forme du lavaret. Mettez sur une plaque et ainsi de suite pour les autres, dorez et rayez, et cuisez une demi-heure avant de servir, dressez sur une serviette et coupez en deux s'ils étaient trop gros pour une personne.

CARASSINS A LA CRÊME AIGRE.

(Karassis pode Smitane.)

Videz et nettoyez quelques carassins vivants, après

les avoir bien lavés essuyez-les bien, salez et roulez-
les dans la farine, faites-leur prendre couleur des
deux côtés dans du beurre clarifié, ensuite rangez-les
près l'un de l'autre sur un plat d'argent, masquez-les
largement d'une béchamel à la crême aigre (smitane),
semez dessus de la mie de pain, un peu de beurre
fondu et faites colorer au four ; servez le plus chaud
possible.

NAVAGAS D'ASTRAKAN.

(Navagas po Astrakanski.

Levez les filets de dix navagas, sautez-les au beurre
avec jus de citron, sel, poivre et muscade, lorsqu'ils
sont froids, enveloppez-les d'une béchamel bien réduite dans laquelle vous aurez mis des fines herbes ;
mettez ensuite dans double papillote de papier huilé,
et quinze minutes avant de servir, grillez à feu doux
et servez selon la règle. L'on opère de même pour
des filets de lottes (nalime).

NAVAGAS FRITS.

(Navagas Jarennaï.)

Videz et dépouillez des navagas, enlevez d'un
coup de couteau la mâchoire inférieure, essuyez avec

une serviette, salez, roulez-les dans la farine, panez à l'œuf et faites frire, servez sur serviette avec des demi citrons autour.

GOUJONS PERCHES A LA LADOGA.

(Ierchis po Ladogski.)

Délayez trois cuillerées à bouche de fécule avec trois verres de crême ordinaire, tournez sur le feu jusqu'à ce que cela épaississe, alors ajoutez un quart de beurre fin et à peu près une demi-livre de purée de pommes de terre desséchée assaisonnez de sel, poivre et muscade, ajoutez un quart de verre de crême double et jaunes d'œufs, mêlez bien et ajoutez quatre blancs fouettés, beurrez un moule à bordure, mettez l'appareil dedans, et mettez à cuire au bain-marie, pendant ce temps levez les filets d'une trentaine de ierchis que vous marquez dans un plat à sauter avec beurre et jus de citron, sel et poivre, sautez-les au moment et mettez-les dans le puits de votre soufflé que vous aurez démoulé sur votre plat, saucez avec une sauce vénitienne et envoyez le reste de la sauce dans une saucière.

ÉPERLANS A LA REVELOISE.

(Koriouschki po Révèlski.)

Préparez un bon velouté au bouillon de poisson et
mettez à cuire dans ce même velouté vos éperlans, en
forme d'anneau ; lorsqu'ils sont cuits, enlevez-les,
passez le velouté à l'étamine et tenez vos éperlans au
chaud dans un peu de ce même velouté, liez le reste
avec quatre jaunes d'œufs et un jus de citron ; ajoutez au moment de servir un peu de persil haché et
blanchi, rangez vos éperlans sur un plat, avec un croûton frit sous chaque ; saucez légèrement et envoyez le
reste de la sauce dans une saucière.

TIMBALE DE MACARONI A LA BEKEN-
DORFF.

(Timbale is Makarone à la Bekendorff.)

Cuisez une livre et demie de macaroni selon la
règle, assaisonnez de sel, poivre, muscade, beurre fin
et fromage râpé. Versez la moitié dans un moule à
Charlotte, grassement beurré et pané à la mie de
pain ; faites un creux dans le milieu pour y placer une
douzaine de tranches de saumon fumé roulées dans
une bonne sauce tomate. Remplissez le moule de

9

macaroni, mettez à four chaud, et lorsque le macaroni est bien coloré partout, démoulez sur serviette
et servez.

CHARTREUSE DE BROCHET.

(Chartreuse is Schouka.)

Levez les deux filets d'un brochet; taillez les en
escaloppes, marinez pendant une heure, et ensuite
passez-les dans la farine pour les faire colorer un peu
dans du beurre clarifié, faites de même une vingtaine
d'escaloppes de saumon et passez-les aussi au beurre;
pendant ce temps, beurrez grassement un moule à
charlotte, masquez le fond et le tour, dans l'intérieur,
d'une feuille de papier beurré, garnissez le tour de
légumes et de choux comme pour une chartreuse ordinaire, mettez vos morceaux de poisson, emplissez
le moule, couvrez et chauffez au bain-marie; servez
à part une demi-glace avec jus de citron et persil
haché.

SOUFFLÉ DE SOUDAC.

(Soufflé is Soudac.)

Pilez une livre de chair de soudac, ajoutez une
demi livre de beurre très-fin (on peut quelquefois

mettre du beurre d'écrevisse), assaisonnez de sel, poivre et muscade, pilez de nouveau en ajoutant l'un après l'autre trois œufs entiers ; après avoir bien mélangé le tout, passez au tamis de Venise et mettez dans une terrine à la glace. Une heure avant de servir, incorporez peu à peu trois fois autant de crême fouettée, bien ferme, vous devez obtenir un appareil semblable au biscuit. Mettez dans un moule beurré et cuisez au bain-marie, avec feu dessus et dessous ; au moment de servir, démoulez sur plat et garnissez de champignons, ou truffes ou queues d'écrevisses ; servez à part une saucière de suprême au fumet de poisson. L'on fait de ces sortes de soufflés avec plusieurs espèces de poissons blancs.

PATÉ DE SOUDAC A LA BARIATINSKY.

(Pastête is soudac à la Bariatinsky.)

Faites une croûte de pâté que vous remplissez d'orge ou de riz, couvrez-la et faites-la cuire ; lorsqu'elle est cuite, videz-la sans la sortir du moule ; lorsqu'elle est bien nettoyée, masquez le fond et les parois d'une farce de poisson aux fines herbes, ensuite dressez les uns sur les autres, au long des parois, des paupiettes de soudac, préparées comme il est dit à l'article filets de soudac à la Rigoise, seulement il ne faut pas les paner. Vous conservez un vide dans le milieu à l'aide d'un croûton de pain enveloppé de papier beurré ; les paupiettes doivent un peu dépasser la crête du pâté chaud, masquez le dessus d'un velouté très-réduit, saupoudrez de mie de pain et de beurre fondu, mettez au four ; au moment de servir, enlevez avec précaution le croûton du milieu pour le remplacer par un ragoût d'huîtres, champignons et queues d'écrevisses. Servez une sauce vénitienne à part.

CROUSTADES DE POISSON A LA GEORGIENNE.

(Croustades is Riba po Groúsinski.)

Videz et nettoyez parfaitement un brochet de moyenne grosseur, désossez-le dans toute sa longueur et emplissez-le d'une farce de poisson ; après l'avoir bien assaisonné, enveloppez-le dans une serviette beurrée et faites cuire dans un court bouillon au vin blanc ; lorsqu'il est bien cuit, déroulez la serviette pour le resserrer de nouveau, afin qu'il soit bien pressé en refroidissant. Le lendemain, vous le coupez en dix ou douze tronçons, desquels vous formez des petites croustades taillées selon votre goût ; glacez-les sur toutes les faces et rangez-les sur un plat d'argent dont vous aurez d'abord empli le fond d'aspic de poisson, ensuite vous garnissez le fond de

chaque petite croustade d'une cuillerée de salade
russe, et dessus vous y mettez une petite escaloppe de
saumon en chaufroid blond ; dans le puits, dressez
en pyramide le reste de salade russe, servez avec une
saucière de sauce provençale verte.

PERCHES A LA CRÊME AIGRE.

(Okounis pode Smitane.)

Voyez Carassins à la crème aigre.

VINAIGRETTE DE POISSON A LA RUSSE.

(Vinaigrette is Riba pa Rousski.)

Cuisez à l'eau de sel le poisson que vous voulez
employer, soit saumon, siguis ou soudac ; séparez la
chair des arêtes et mettez ces morceaux de poisson
dans une terrine ; ajoutez-y des cornichons coupés
en dés, des câpres, quelques olives, des gribouis marinés, des pommes de terre cuites, des betteraves, des
concombres frais ou salés, coupés en dés ; assaisonnez
de sel, poivre, huile et vinaigre et dressez en pyramide, dont vous couvrez toute la surface de betteraves,
pommes de terre et concombres frais ou salés, taillés
en liard et superposés symétriquement tout autour de
vinaigrette jusqu'à la cîme ; garnissez de croûtons

de gelée d'esturgeon, saucez légèrement d'une sauce ravigote et servez en une saucière à part.

VINAIGRETTE DE LÉGUMES.

(Vinaigrette is Korènié.)

Comme à l'article précédent, seulement il faut remplacer le poisson par des navets cuits à l'eau de sel, et tailler de ces mêmes navets pour les mélanger aux betteraves, etc., etc, qui couvrent la surface; cette entrée se sert les jours maigres.

ASPIC DE GOUJONS PERCHES.

(Stoudène is Ierchis.)

Levez les filets d'une trentaine de beaux yerchis; faites-les cuire un moment à l'eau de sel, égouttez-les sur une serviette pour les mariner une heure à l'huile et jus de citron, mêlez la cuisson des yerchis à trois où quatre fois la quantité de bouillon d'esturgeon et clarifiez au blanc d'œuf comme la gelée de viande, ensuite mettez un moule uni, rond ou ovale sur glace, versez un peu de gelée, décorez avec quelques feuilles de cerfeuil, estragon et queues d'écrevisses. Mettez de place en place les filets de yerchis, emplissez votre moule et laissez bien refroidir; au moment de servir, démoulez sur un plat d'argent foncé d'aspic, croûtonnez et servez à part une sauce au raifort râpé.

SCHASCHLIKS A LA TATARE.

(Schaschliks po Tatarski.)

Enlevez la noix d'un gigot de mouton bien rassis, taillez-la en escalopes épaisses et sans nerfs, mettez-les dans une terrine avec sel, poivre, muscade, thym et laurier, huile et quelques tranches d'oignons; au bout de deux heures retirez-les de la marinade pour les embrocher dans des brochettes d'argent en les alternant d'une petite lame de lard mince, et d'une autre de jambon cru; dix minutes avant de servir grillez-les et servez sur un pilaw de riz à la Géorgienne. (Voyez mouton à la Géorgienne).

NOIX DE VEAU A LA SLAVONIENNE.

(Télatine po Slavonski.)

Levez et parez une noix de veau sans tétine, traversez-la de part en part de lardons de lard et de langue, faites-la mariner deux jours dans l'huile avec légumes divers, thym, laurier, etc. Le jour où vous voulez la servir, vous la sortez de sa marinade, vous la nettoyez, vous la masquez complètement d'une purée d'oignons très-réduite, et ensuite vous l'enveloppez d'une abaisse de pâte à foncer ; dorez, rayez et donnez deux heures de cuisson, ensuite vous découpez avec précaution pour lui conserver sa forme; la glissez sur un plat et servez avec une sauce Madère.

ENTRÉE FROIDE CAUCASIENNE.
(Kholodnié Kawkazki.)

Taillez une noix de veau braisée de la veille en tranches carrées longues comme des sandwichs, masquez-les d'une couche de beurre très-fin, rangez dessus quelques filets d'anchois roulés dans de la ciboulette hachée fine, et mettez sur une plaque à la glace, démoulez sur un plat d'argent foncé de gelée, un pain de tomate préparé comme suit : deux grandes cuillerées à pot de bonne sauce tomate réduite avec une cuillerée à pot de gelée de viande et ensuite frappée à la glace dans un moule à dôme; lorsque ce pain est démoulé, rangez les petits filets de veau autour et auprès des filets des petits croûtons de gelée.

FAISAN A LA GÉORGIENNE.
(Fazane po Grousinski.)

Videz, flambez et troussez un faisan selon la règle,

bardez-le et mettez dans une casserole ovale; enlevez
avec précaution les pellicules d'une trentaine de noix
fraîches, mettez-les dans la casserole avec le faisan,
écrasez dans un tamis deux livres de raisin et la chair
de quatre oranges, et versez le jus que vous en aurez
extrait sur le faisan, ajoutez un verre de Malvoisie et
autant d'infusion de thé vert assez forte, gros comme
un œuf de beurre fin, un peu de sel, poivre et muscade, et mettez au feu une heure avant de servir;
lorsqu'il est presque cuit, passez les trois quarts de
sa cuisson à la serviette pour la réduire avec une
bonne espagnole. Faites prendre couleur à votre faisan, découpez et dressez avec les noix autour. Saucez
un peu et envoyez le reste de la sauce dans une saucière.

BEAFSTEAKS HACHÉS A LA RUSSE.

(Bitoke pa Rousski.)

Prenez deux livres de maigre de bœuf, filet ou
faux-filet, hachez fin et pilez avec trois quarts de
beurre fin; assaisonnez de sel, poivre et muscade,
relevez cette farce sur la table et prenez par parties
pour en former avec la lame du couteau mouillée,
soit des beafsteaks ronds ou en forme de côtelette,
passez-le une fois à la farine, ensuite panez-le à l'œuf,
donnez-leur une forme bien égale et faites leur pren-

dre couleur des deux côtés dans du beurre clarifié ; à mesure qu'ils sont presque cuits, rangez-les sur un plat d'argent en laissant un peu d'espace pour les entourer de pommes de terre sautées au beurre ; mêlez un verre de crême aigre (smitane) à la même quantité de demi-glace bien chaude, versez sur les bitokes et parsemez dessus quelques tranches d'oignons passées au beurre ; servez à part dans une saucière ce qui reste de sauce à la crême aigre.

COTELETTES A LA POJARSKI.

(Cotelettes Pojarski.)

Levez les filets de deux ou trois poules, énervez-les complètement, hachez-les fin et mêlez au mortier ou sur la table la moitié de beurre fin ; assaisonnez de sel, poivre et muscade et formez-en avec la lame du couteau mouillée des petites côtelettes que vous panez d'abord sans œufs et ensuite à l'œuf, égalisez-les bien, piquez à la pointe un petit os de poule pour pouvoir y adapter plus tard une petite papillote, faites-les cuire d'une belle couleur bien blonde au beurre clarifié ; dressez-les et garnissez le puits d'une garniture quelconque.

On fait de même des côtelettes pojarski au gibier et au poisson.

COTELETTES DE VOLAILLE A LA SÉGARD.

(Cotelettes is koure à la Ségard.)

Levez les filets de cinq beaux poulets en ayant soin d'y laisser les moignons, énervez les filets et ha-chez-les y compris le filet mignon, les uns après les autres bien fin en y ajoutant de temps en temps une cuillerée à café de crême double très-épaisse ; assaisonnez légèrement, et enfin après avoir fait absorber à chaque filet deux ou trois cuillerées de crême, donnez-leur avec la lame du couteau mouillée la forme d'une côtelette, panez une fois à l'œuf et une fois au beurre ; couchez-les sur un gril bien propre pour les griller juste au moment de servir, car il est essentiel que ces côtelettes soient mangées aussitôt grillées ; on peut adapter aux moignons une petite papillotte. Dressez et garnissez le puits de truffes émincées ; servez avec un suprême bien succulent.

TOURTE DE GODIVEAU DE GELINOTES
A LA RUSSE.

(Tourte s' godiveau is riapschike pa Rousski.)

Prenez une livre de chair de gélinotes que vous pilez quelques minutes et mettez sur la glace, hachez et

pilez une livre de graisse de rognon de bœuf bien éplu-
chée, ensuite pilez la chair et la graisse ensemble en y
ajoutant quatre onces de panade de riz, un œuf entier
et un petit morceau de glace d'eau ; assaisonnez de sel,
poivre et muscade et mettez dans une terrine à la
glace, mêlez-y quelques truffes, champignons et un
peu de ciboulettes hachées, formez-en des petites quenelles, roulées sur la table saupoudrée de farine,
rangez-les sur une plaque beurrée pour les pocher
au four, ensuite roulez-les dans une bonne espagnole
réduite avec des truffes et champignons émincés, en-
fermez le tout dans une pâte brisée, et finissez comme
il est dit à l'article tourte de poisson à la russe, et
servez à part une sauce Périgueux.

SOUFFLÉ DE GÉLINOTES.

(Soufflé is riapschike.)

Voyez à l'article soufflé de Soudac, et remplacez la
chair de poisson par des filets de gélinotes ou d'autre
gibier ; garnissez de truffes ou champignons, servez
à part une bonne espagnole au fumet de gibier.

SOUFFLÉ DE BÉCASSES A LA NESSELRODE.

(Soufflé is bécasses à la Nesselrode.)

Levez les chairs de quatre bécasses pour en faire un soufflé comme le précédent, dix minutes avant de servir, réduisez à grand feu une demi-bouteille de Champagne, autant de Sauterne et de Madère ; lorsque ces vins sont réduits à un quart, ajoutez quelques cuillerées de bonne espagnole, vannez avec une demi-livre de beurre fin ; saucez légèrement votre soufflé et donnez le reste dans une saucière.

COTE DE SANGLIER A LA PETITE RUSSIENNE.

(Vêpre po Mala Rossissski.)

Parez et piquez un carré de sanglier, marinez pendant deux jours ; ensuite le jour où vous voulez le servir, nettoyez-le avec une serviette et faites braiser dans une bonne mirepoix, mouillée avec du kwass ; lorsqu'elle est cuite, enlevez-la de sa cuisson, taillez chaque côtelette et rangez-les en couronne sur un plat d'argent, saupoudrez légèrement d'un peu de canelle en poudre, arrosez-les d'un peu de sirop de cerises chaud, et ensuite parsemez-les d'un peu de mie de pain de seigle fine et au four, passez à la serviette, dégraissez et réduisez la cuisson du sanglier, à laquelle vous mêlez quelques cuillerées de sirop de cerises et une pincée de cannelle en poudre, passez à l'étamine après réduction, et envoyez dans une saucière avec les côtelettes.

PATTES D'OURS.

(Lappé Médwéde.)

Dépouillez et lavez les pattes d'ours et mettez-les à mariner au moins quarante-huit heures, après quoi vous les mettez à blanchir, les rafraîchissez et mettez à cuire dans une bonne cuisson garnie de divers légumes et aromates ; lorsqu'elles sont cuites, égouttez-les sur un plat, et taillez-les en cinq parties dans leur longueur, panez à l'anglaise et grillez, servez avec une sauce aigre-douce ou piquante.

SAUTÉ DE LIÈVRE A LA MITTAU.

(Sauté is Zaïetza po Mittawski.)

Levez les filets de quelques lièvres, énervez et parez-les, taillez-les en escaloppes et rangez-les à mesure dans un plat à sauter beurré et assaisonné de

sel, poivre et muscade, et dix minutes avant de servir, sautez à feu vif ; lorsque les escaloppes sont sai-
sies, égouttez le beurre, ajoutez quelques cuillerées
de crème aigre (*smitane*), chauffez sans bouillir et
servez, entouré de croûtons, ou bien dans une croustade de pain ou de riz.

SELIANKA AUX CHOUX.

(Selianka s' kapousste.)

Passez un oignon haché au beurre, ajoutez quelques cuillerées de farine pour en faire un petit roux,
mouillez avec un peu de bon bouillon et tournez jusqu'à ébullition, alors ajoutez-y de la choucroute assez
pour former une sorte de soupe épaisse, assaisonnez
de sel, poivre, muscade, un bouquet de persil, thym
et laurier, et laissez cuire doucement, couvert pendant deux heures ; au moment de servir, enlevez le
bouquet, et mettez dans la choucroute une livre de
jambon cuit, coupé en gros dés, envoyez très-chaud
dans une casserole d'argent ; on en sert pour les jours
maigres, et dans ce cas, on remplace le beurre par
de l'huile, du bouillon de gribouis, et le jambon par
du poisson ou des champignons.

LÉGUMES.

(Zélénnoï.)

CHOUX FARCIS.

(Kapousste Farchirowannaï.)

Blanchissez, après l'avoir bien nettoyé, un chou
frisé dans son entier. Après l'avoir laissé bouillir
quelques minutes, ouvrez-le avec précaution pour en
extraire le cœur et quelques feuilles du milieu, assaisonnez et farcissez le de godiveau aux fines herbes,
(dans les jours maigres, on en sert farcis de kache de
sarrazin) ; recouvrez le dessus avec les feuilles que
vous en avez extrait, ficelez et mettez dans une casserole avec du bouillon au tiers et garniture de légumes et aromates divers, laissez cuire aux trois
quarts, après quoi vous l'égouttez, déficelez et mettez
sur un plat d'argent, saupoudrez de parmesan, un
peu de beurre fondu et au four à prendre couleur ;
servez avec une demi-glace dans une saucière.

CHOUX FARCIS A LA PETITE RUSSIENNE.

(Kapousste farchirowannié po Mala Rossisski.)

Passez un oignon haché au beurre, hachez grossièrement quelques gribouis (champignons); mêlez
avec l'oignon et ajoutez quelques cuillerées de kache
de sarrazin ou de semoule, assaisonnez de sel, poivre et muscade, un peu de persil haché. Coupez un
chou frisé en quatre ou huit; après l'avoir blanchi,
enlevez les parties dures, et remplacez-les par le
kache susdit, vous aurez renversé et blanchi en
même temps quelques-unes des plus grandes feuilles
dans leur entier, qui vous serviront à envelopper chaque partie de chou ; lorsqu'elle est farcie, ficelez et
mettez à mesure, dans une casserole, avec divers légumes et aromates, ajoutez du bon bouillon et du
dégraissis, cuisez tout doucement ; lorsqu'ils sont
cuits, égouttez-les sur un tamis, déficelez et rangez
à mesure, dans une casserole d'argent, servez avec
une saucière de beurre fondu. L'on prépare aussi ces
choux pour les jours maigres ; il faut alors les cuire à
l'eau de sel avec un peu d'huile, et les arroser d'huile
en les servant.

GRIBOUIS A LA RUSSE.

(Gribouis pa Rousski.)

Les gribouis (espèce de champignons que l'on trouve ordinairement dans le voisinage des bouleaux) sont en très-grande quantité en Russie, et sont en général très-estimés, aussi il s'en fait une très-grande consommation ; on les conserve très-bien en boîtes, et aussi au vinaigre ou séchés.

Enlevez la terre et lavez bien des gribouis blancs, ressuyez-les dans une serviette et taillez-les en deux ou quatre, mettez-les dans un plat à sauter grassement beurré, avec un bouquet de persil, oignon vert et fenouil ; assaisonnez de sel, de poivre et muscade, et faites bouillir doucement ; cinq minutes avant de servir, retirez le bouquet, ajoutez deux cuillerées à ragoût de béchamel bien réduite et une de bonne crème aigre ; donnez encore un bouillon, ajoutez une pincée de fenouil haché, et servez.

GRIBOUIS AU GRATIN.

(Gribouis na gratein.)

Épluchez et lavez des gribouis de moyenne et égale grosseur, enlevez les queues pour vous servir seulement des têtes que vous laissez dans leur entier, ressuyez-les bien dans une serviette, et salez-les légèrement, roulez-les dans la farine, passez-les au beurre clarifié ; lorsqu'ils sont d'une belle couleur blonde, rangez-les dans une casserole d'argent, masquez-les d'un peu de béchamel à la crème aigre, dans laquelle vous aurez mis une pincée de fenouil haché, parsemez le dessus d'un peu de mie de pain et beurre fondu ; mettez au four chaud pour faire prendre couleur et servez bouillant.

GRIBOUIS SAUTÉS.

(Gribouis jarennoï.)

Nettoyez des gribouis blancs, salez-les légèrement après les avoir lavés, passez les têtes et les queues séparées dans la farine, ensuite trempez-les dans l'œuf battu et panez à la mie de pain, passez-les au beurre clarifié ; aussitôt qu'ils sont bien blonds des deux côtés dressez-les en pyramide sur serviette, parsemez d'un peu de fenouil haché et servez. Il y a des amateurs qui se font donner sur une assiette à part des quartiers de citron.

PUDDING DE NAVETS.

(Pouding is Rêpe.)

Épluchez, taillez en lames et blanchissez quelques gros navets jaunes, rafraichissez-les, égouttez dans une passoire et mettez-les dans une casserole avec un quart de beurre fin, desséchez-les bien, assaisonnez de sel et une pincée de sucre, ajoutez deux cuillerées à ragoût de béchamel bien réduite, faites bouillir quelques minutes en remuant toujours, passez au tamis de Venise, mettez cette purée dans une terrine pour y mêler six œufs entiers, mettez cet appareil dans un moule à bordure grassement beurré ; une demi-heure avant de servir faites cuire au bain-marie, démoulez sur un plat d'argent et garnissez le puits de petits navets à la béchamel ou à la poulette, ou avec d'autres légumes tels que salsifis, haricots verts, flageolets, petits-pois, etc., etc.

Il est urgent avant de cuire ce pudding d'en mettre une petite partie dans un moule à dariole pour en faire un essai ; s'il se trouvait trop délicat, il faudrait ajouter un œuf ou deux, dans le cas contraire, quelques cuillerées de bonne crême double. L'on fait de ces sortes de puddings avec des épinards, des carottes, du   tiron, etc., etc.

NAVETS FARCIS A LA RUSSE.

(Rêpe farchirowannie pa Rousski.)

Prenez une quinzaine de petits navets ronds et jaunes d'égale grosseur, tournez-les correctement dans leur entier et mettez-les à mesure dans l'eau froide, lorsqu'il sont tous tournés mettez-les dans une casserole d'eau froide avec un peu de sel au feu, laissez bouillir jusqu'à ce qu'ils soient presque cuits, ensuite égouttez-les, faites sur le dessus une incision ronde et enlevez l'intérieur avec une cuillère à café, passez cette pulpe au tamis de Venise; amalgamez avec la même quantité de semoule cuite au lait, assaisonnez de sel et un peu de sucre, ajoutez quatre ou cinq jaunes d'œufs, remplissez les navets de cet appareil et rangez-les à mesure dans un plat à sauter beurré; quinze minutes avant de servir mettez un peu de bouillon dans le plat à sauter de manière à ce que les navets soient baignés au quart seulement de leur épaisseur, mettez au four chaud lorsque l'appareil est poché, saupoudrez les navets de sucre fin, faites prendre couleur et servez dans une casserole d'argent avec une saucière de béchamel à part.

OMELETTE RUSSE.

(Drotschêna.)

Délayez dans une terrine six onces de farine avec trois verres de crême ordinaire, ajoutez dix œufs entiers, assaisonnez de sel et poivre, battez le tout ensemble avec un fouet à blancs d'œuf et versez dans une poêle dans laquelle vous aurez fait fondre une demi-livre de beurre fin, poussez cette poêle au four et laissez cuir sans mêler. Lorsque cette omelette est cuite et d'une belle couleur, glissez-a sur un plat de la même largeur, arrosez d'un peu de beurre fondu et servez.

RÔTIS.

COCHON DE LAIT ROTI A LA RUSSE.

(Paraçionok Jarénné pa Rousski.)

Prenez le foie de votre cochon de lait, émincez-le et sautez au beurre, blanchissez et braisez le cœur et le poumon; lorsqu'ils sont bien cuits, sortez-les de leur cuisson pour les couper en petits dés, mélangez ainsi que le foie sauté avec du kache de sarrasin et farcissez-en votre cochon de lait, ficelez-le bien et faites rôtir. Découpez avec précaution et servez une saucière de demi-glace.

ROTI D'ÉLAN A LA LITHUANIENNE.

(Jarkoï is Losse po Litowski.)

Parez et énervez un filet d'élan, piquez-le comme

un filet de bœuf et mettez-le dans une grande terrine, passez au beurre divers légumes et aromates, mouillez avec moitié de vinaigre et bouillon, versez bouillant sur l'élan, couvrez hermétiquement et laissez mariner deux jours.

Le jour où vous voulez le servir, retirez-le de la marinade, mettez-le dans une petite caisse à bain-marie, passez au tamis la marinade et arrosez-le avec en le rôtissant; quelques minutes avant de servir coupez votre filet et remettez-le sur votre plat dans son entier, ajoutez quelques cuillerées de crême aigre dans la caisse où il a cuit, donnez un bouillon et passez au tamis fin, servez le jus dans une saucière.

ROTI DE LIÈVRE A LA FINOISE.

(Jarkoï is zaïetze po Finliandski.)

Videz et nettoyez un lièvre; piquez-le et opérez en tout point comme il est dit à l'article précédent, seulement douze heures de marinade suffisent.

ROTI D'OUTARDES A LA PETITE RUSSIENNE.

(Jarkoï is Drakwa po Mala Rossissski.)

Habillez, flambez et troussez des jeunes outardes,

sans les ficeler; lorsqu'elles sont bien propres, faites une incision à chaque filet pour y introduire un bon morceau de beurre fin, garnissez-les d'une bande de lard bien mince, après les avoir bien assaisonnées, ensuite abaissez des rognures de feuilletage dans lesquelles vous taillez des morceaux pour en envelopper vos outardes, rangez-les sur une plaque, dorez et mettez au four à cuire doucement, découpez avec précaution et servez une demi-glace à part.

POULARDE ROTIE A LA LIVONIENNE.

(Poularde jarennaïa po Lifliandski.)

Faites rôtir à la broche une poularde et lorsqu'elle est aux trois quarts cuite, débrochez-la et mettez-la dans un plat à sauter au four, finissez de cuire en l'arrosant avec un mélange de moitié demi-glace et moitié crême aigre (*Smitane*); lorsqu'elle est cuite découpez, dressez sur un plat et versez le jus de crême aigre dessus.

POULARDE ROTIE A LA POLONAISE.

(Poularde jarennaïa po Polsski.)

Rôtissez, selon la règle, une poularde, et, lorsqu'elle est au trois quarts cuite, arrosez-la de beurre fin et saupoudrez-la de farine; au bout de trois minutes, recommencez de même et ainsi de suite une troisième fois ; et, enfin, en dernier lieu, lorsqu'elle est presque cuite, arrosez de beurre et parsemez-la sur toutes les faces de mie de pain; lorsqu'elle est bien colorée, débrochez et découpez avec précaution et servez avec un bon jus dessous.

GÉLINOTES A L'ALLEMANDE.

(Riapschik po Niémètzki.)

Habillez et troussez pour rôt des gélinottes, salez-les et mettez-les dans une casserole avec un bon morceau de beurre fin, couvrez et faites-leur prendre une couleur bien jaune; lorsqu'elles sont aux trois quarts cuites, découpez-les en enlevant chaque filet d'une seule pièce, remettez-les à leur place de manière que vos génilottes paraissent être entières ; rangez-les sur un plat d'argent, masquez-les d'une béchamel à la crême aigre, saupoudrez de mie de pain, un peu de beurre et au four. Servez avec une bonne demi-glace dans une saucière.

FAISAN A LA TATARE.

(Fazane po Tatarski.)

Habillez, videz, flambez et troussez un faisan selon

la règle, farcissez-le d'un gratin de foies de volaille aux truffes ; rôtissez selon la règle, découpez et servez-le garni de schaschliks à la tatare (1). On le sert ordinairement avec la tête et la queue, mais cela n'est pas indispensable.

(1) Voyez Schaschliks.

SALADES.

On sert avec les rôtis toute espèce de salade comme en France, mais pourtant il y en a quelques-unes, qui ne se servent qu'en Russie, que je citerai ici.

LAITUES A LA CRÊME AIGRE.

(Latouke so Smitane.)

Assaisonnement : Passez au tamis six jaunes d'œufs durs, mettez-les dans une petite terrine avec un demi-verre de crême aigre, mêlez bien pendant cinq minutes, ajoutez sel, poivre, vinaigre à l'estragon, cerfeuil, fenouil et estragon hachés ; assaisonnez votre salade et mettez dessus des tranches minces d'agoursis frais.

CRESSON DE FONTAINE AUX POMMES.

(Krèsse kloutschewoï s' Yablokame.)

Après avoir épluché et lavé du cresson, ajoutez quatre ou cinq pommes émincées et assaisonnez comme une salade ordinaire.

CÉLERIS ET FONDS D'ARTICHAUDS.

(Cellerei s' pode artichokami.)

Préparez un assaisonnement ordinaire avec moutarde, et assaisonnez du céleri avec des fonds d'artichauds nouveaux très-tendres, dits poivrades.

BETTERAVES MARINÉES.

(Swiokle Marinowannaï.)

Émincez huit ou dix betteraves cuites, rangez-les dans un bocal par lits alternés avec du raifort râpé; versez du vinaigre bouillant et laissez mariner vingt-quatre heures.

CONCOMBRES FRAIS.

(Agoursis swéjé.

Epluchez et taillez en lames des agoursis frais, roulez-les dans une serviette avec un peu de sel, ensuite assaisonnez dans le saladier comme une salade ordinaire, ajoutez du fenouil haché.

CONCOMBRES A LA POLONAISE.

(Agoursis po Polsski.)

Epluchez et taillez des agoursis comme ci-dessus, et assaisonnez à la crème aigre comme les laitues. (*Voyez* Laitues à la crème aigre.)

CONCOMBRES FRAIS SALÉS.

(Agoursis swéjéprossolnié.)

Lavez à l'eau tiède, sans les éplucher, une vingtaine d'agoursis frais et mettez-les dans l'eau fraîche, retirez-les de l'eau pour les mettre dans un grand bocal par lits, et, entre chaque lit, mettez des feuilles de cassis et fenouil, et continuez de la sorte jusqu'à ce que votre bocal soit plein, couvrez avec quelques feuilles de cassis et quelques petits morceaux de raifort épluché ; versez dessus une eau cuite, salée, froide ; couvrez avec une petite planchette que vous entrez dans le bocal, afin que les concombres soient maintenus dans leur saumure, laissez mariner vingt-quatre heures et servez-les dans un saladier avec quelques cuillerées de leur marinade.

CONCOMBRES D'HIVER SALÉS.

(Agoursis zimnié salonné.)

Ce sont les agoursis que l'on conserve en été pour l'hiver. En Russie, on attache beaucoup d'importance à leur conservation, et il y a plusieurs procédés.

Je vais essayer de décrire celui qui m'a paru remplir les meilleures conditions ; ce qui fait leur qualité c'est de les obtenir d'un beau vert, fermes et de bon goût, donc pour arriver à ce but, voici je crois la véritable recette.

Il faut, autant que possible, que les tonneaux dans lesquels vous voulez conserver vos agoursis soient d'une extrême propreté ; alors vous mettez dans votre tonneau une poignée de cumin et de marjolaine ; vous versez dessus un seau d'eau bouillante et remuez bien le tonneau pour le rincer avec cette infusion, couvrez-le et laissez refroidir, lorsqu'elle est froide, jetez le tout et rincez votre tonneau deux ou trois fois à l'eau froide et essuyez-le bien à sec avec un torchon. Il est toujours mieux de prendre des tonneaux qui aient déjà servi à cet usage ; dans le cas contraire, il faut faire subir deux infusions de cumin et de marjolaine. Lorsque votre tonneau est ainsi préparé, vous mettez dans le fond un lit de feuilles de cassis, de cerisier et de chêne, un peu d'estragon et fenouil, (branches et feuilles,) un lit de concombres bien propres (s'ils sont assez propres et que l'on n'ait pas besoin de les laver cela vaut mieux). Remettez un lit de feuilles et un lit d'agoursis jusqu'à ce que votre tonneau soit plein, et mettez-le à la glacière.

Mettez dans un autre tonneau ou baquet bien propre une livre de sel par seau d'eau, faites bouillir votre eau et jetez-la bouillante sur le sel ; laissez ainsi refroidir, ce n'est que lorsqu'elle est tout à fait froide que vous la versez sur les agoursis. Il faut autant que possible prendre vos mesures pour avoir assez pour bien emplir le tonneau où sont les agoursis ; laissez refroidir jusqu'au lendemain, alors fermez hermétiquement votre tonneau et laissez-le ainsi dans la glacière jusqu'au jour où vous voudrez vous en servir. On les sert, en hiver, dans un saladier avec un peu de leur saumure.

Il y a une autre méthode qui consiste à mettre le tonneau d'agoursis, lorsqu'il est bien fermé, dans un autre tonneau un peu plus grand ; ce second tonneau doit être hermétiquement calfeutré et on le laisse ainsi dans une eau courante, si l'eau ne pénètre pas dans le premier tonneau, vous obtenez des agoursis délicieux; mais cette méthode ne convient qu'aux personnes dépourvues de glacière.

CONCOMBRES EN POTIRON OU EN MELON.

(Agoursis w' Tiekwe ili w' Dînye.)

L'on conserve aussi des agoursis dans des potirons et dans des melons, de la manière suivante : prenez un petit potiron ou un melon, faites une entaille dessus en cercle pour enlever une sorte de couvercle. Dégarnissez-les de leur chair et pépins, essuyez bien à sec avec une serviette et emplissez-les d'agoursis déjà préparés comme ci-dessus avec leurs feuilles et quelques petits morceaux de raifort, fermez avec leur couvercle, ficelez en quatre pour maintenir le couvercle et rangez-les à mesure dans un tonneau préparé à cet effet, emplissez le tonneau d'eau salée et feuilles et fermez-le hermétiquement, laissez à la glacière. Un point essentiel est de ne fermer les tonneaux que lorsque le contenu est tout à fait froid, sinon le peu de chaleur qui s'y trouverait concentrée ferait aigrir trop vite. Le jour où vous voulez en servir vous enlevez un potiron ou melon du tonneau, vous le débarrassez de la ficelle et des feuilles et le servez tout entier sur une serviette.

GRIBOUIS MARINÉS.

(Gribouis Marinowannié.)

Épluchez et lavez des gribouis blancs. Séparez les têtes des queues et précipitez dans l'eau bouillante très-peu salée; lorsqu'ils ont jeté un bouillon versez-les dans une passoire et laissez-les refroidir. (Il faut essentiellement avoir des gribouis fraîchement arrachés). Rangez-les ensuite dans un bocal avec une ou deux gousses d'ail, deux ou trois feuilles de laurier, quelques grains de poivre, un peu de sel; remplissez avec du vinaigre bouilli froid, couvrez avec une petite planchette que vous introduisez dans le bocal afin que les gribouis trempent bien dans le vinaigre, versez un peu d'huile dessus et couvrez le bocal à la vessie. L'on conserve de cette manière plusieurs espèces de champignons tels que riégikis, grousdis et wolnouschkis; l'on s'en sert comme salades en hiver et dans des garnitures d'entrées froides et vinaigrettes.

SALADE DE CHOUX ROUGES A LA POLONAISE.

(Salade is kapousste krassnaï po Polsski.)

Coupez un choux rouge en quatre, enlevez le cœur

et taillez mince comme pour julienne, jetez-les dans l'eau bouillante un peu salée, laissez jeter un bouillon et rafraîchissez ; lorsqu'ils sont bien égouttés mettez-les dans une terrine avec sel et vinaigre à l'estragon. Laissez mariner une demi-heure, au moment de servir assaisonnez comme il est dit à l'article laitues à la crème aigre, et mêlez-y quelques tranches de radis noir.

POMMES CONFITES.

(Yabloke Matschone.)

Faites bouillir une quantité suffisante d'eau pour emplir un tonneau ou bocal dans lequel vous voulez conserver vos pommes ; mettez dans cette eau, lorsque vous la sortez du feu, quelques grains de poivre blanc, quelques feuilles de laurier, fleurs de muscade, clous de gérofle, cardamone, sel, miel et vinaigre, de manière à obtenir un liquide aigre doux, agréable au goût. Faites faire encore un bouillon à ce mélange et laissez refroidir.

Pendant ce temps arrangez des pommes fraîches cueillies sans les éplucher (les pommes de calville sont préférables), sur un lit de paille de seigle bien fraîche que vous aurez préparée au fond du tonneau, emplissez ainsi de suite avec un lit de pommes et un de paille ; lorsque votre tonneau est plein versez le liquide très-froid et fermez hermétiquement, laissez à la glacière et dans l'hiver servez dans un saladier avec un peu de leur jus. On conserve de cette manière des poires, abricots, raisins, groseilles à maquereaux, pêches, cerises, prunes, merises, groseilles blanches et rouges, canneberges, airelles et framboises blanches, avec la seule différence que l'on remplace la paille de seigle par des feuilles de cerisier et vigne, et quant aux petits fruits, il faut de préférence les conserver dans des grands bocaux. Dans l'hiver, l'on sert tous ces fruits confits en guise de salade.

ENTREMETS DOUX.

(Sladkis.)

GAUFFRES POLONAISES.

(Wafflé Polsski.)

Mêlez une demi-livre de farine à quatre œufs entiers, battez jusqu'à ce que cette pâte soit bien lisse, ajoutez un peu de sucre en poudre, un zeste de citron râpé et deux verres de crème ordinaire ; cuisez dans un petit gauffrier d'office rond, et à mesure qu'elles sont cuites, mettez-les sur un tamis, lorsque tout l'appareil est employé, masquez vos gauffres d'un peu de marmelade d'abricots pour les accoupler, servez en pyramide sur serviette.

PONCHKIS POLONAIS.

(Ponchkis Polsski.)

Prenez une pâte à brioche un peu commune, faites-en des petites abaisses avec lesquelles vous foncez des moules à madeleines bien beurrés, garnissez de cou-

11

fiture quelconque, recouvrez d'une autre petite abaisse soudée à l'œuf; laissez dans un endroit chaud un quart d'heure, cuisez à four doux et dressez sur serviette.

GATEAU LIVONIEN.

(Pirogue Liflandski.)

Prenez deux livres de fromage blanc pressé (*twa-rogue*), mêlez avec six onces de beurre très-fin, une demi-livre de sucre en poudre, une pincée de sel et huit jaunes d'œufs, passez ce mélange au tamis de Venise, mettez dans une terrine, ajoutez deux onces de Smyrne, deux de Corinthe et deux de cédrat et angélique, quatre blancs d'œufs fouettés, beurrez grassement un moule à charlotte, foncez-le de panne-quets ordinaires, mettez le quart de l'appareil dedans, recouvrez d'un pannequet, continuez ainsi de suite avec les trois autres quarts de l'appareil et recouvrez le tout d'un dernier pannequet. Trois quarts d'heure avant de servir mettez au four chaud; lorsqu'il est cuit d'une belle couleur blonde, démoulez sur serviette et servez à part une saucière de crême double très-épaisse (froide).

GAUFFRES AU PORTER.

(Waffli Porternie.)

Maniez six onces de beurre dans une terrine tiède, lorsqu'il est à l'état de pommade, vous y incorporez l'un après l'autre dix jaunes d'œufs, une demi-livre de farine, deux onces de levure délayée avec un demi-verre de porter tiède, laissez revenir une demi-heure, après quoi vous ajoutez huit blancs d'œufs fouettés et la même quantité de crême fouettée bien ferme; cuisez dans un gauffrier creux, dressez en pyramides; servez avec un compotier de confiture quelconque.

VATROUSCHKIS AUX CONFITURES.

(Vatrouschkis s' Warénieme.)

Faites des petites abaisses de pâte à brioche que vous taillez dans un coupe-pâte uni, garnissez le milieu de confitures ou de marmelade de pommes, relevez les bords en formant une petite cannelure, dorez et mettez au four; lorsqu'ils sont cuits, au moment de les servir, parsemez dessus quelques grains de gros sucre et de corinthe.

BEIGNETS RUSSES.

(Aladié.)

Prenez de la pâte à coulibiac dans laquelle vous incorporez un peu de sucre et zeste de citron; faites des
abaisses que vous taillez dans un coupe-pâte ovale,
garnissez le milieu de confitures de cerise ou d'abricot, mouillez le bord et recouvrez d'une autre abaisse
mettez - les à mesure sur une plaque grassement
beurrée; après les avoir laissés revenir une demi-heure,
dorez et mettez au four, dressez en pyramide sur
serviette, après les avoir saupoudrés de sucre fin.

TARTELETTES A LA RUSSE.

(Tartelettes pa Rousski,)

Foncez une vingtaine de petites tartelettes avec des
rognures de feuilletage ou de la pâte à foncer, garnissez-les d'orge, dorez le tour et cuisez à four doux;
lorsqu'elles sont cuites, nettoyez-les, garnissez d'une
marmelade d'abricots et recouvrez le dessus avec de
la mie de pain de seigle passée au beurre, saupoudrez
ensuite de sucre fin et servez.

SOUFFLÉ DE POMMES A LA RUSSE.
(Soufflé Yabloschné pa Rousski.)

Fouettez douze blancs d'œufs très-fermes, que vous incorporez à une livre et demie de marmelade de pommes sucrée et parfumée, mêlez légèrement et mettez dans une casserole d'argent, donnez-lui une forme de pyramide avec la lame du couteau, saupoudrez de sucre fin et cuisez à four doux ; quand il est cuit, envoyez-le immédiatement avec une saucière de crême double très-épaisse. On fait de ces soufflés avec toute espèce de purée de fruits.

BISCUIT DE SEIGLE.
(Biscuite Rjanoï.)

Mettez dans une terrine une livre de sucre en poudre, avec zeste de citron râpé et seize jaunes d'œufs, battez bien comme le biscuit ordinaire ; ajoutez ensuite une demi-livre de pain de seigle, séché, écrasé et passé au tamis, un quart de fécule, mêlez bien et incorporez ensuite les seize blancs d'œufs fouettés ; préparez deux ou trois grandes caisses rondes de papier, larges et basses, divisez l'appareil en parties égales dans ces caisses, mettez sur des plaques ou plafonds et cuisez à four doux ; lorsqu'ils sont cuits, détachez vos biscuits d'après le papier, masquez-les d'une confiture quelconque, placez-les l'un sur l'autre, parez le tour également, masquez partout avec la confiture, décorez le dessus avec des fruits confits et servez sur une serviette, après l'avoir taillé en parties égales.

BEIGNETS DE POMMES.

(Blinis Yabloschnié.)

Préparez un appareil à blinis crême de riz (*Voyez* page 101), auquel vous incorporez de la marmelade de pommes sucrée et parfumée, cuisez dans des petites poêles à blinis, et servez à part une saucière de gelée de groseilles ou autre confiture.

BEIGNETS VARSOVIENS.

(Blinis Warschawskis.)

Battez en pommade une demi-livre de beurre très-fin, ajoutez l'un après l'autre des jaunes d'œufs, une demi-livre de sucre et une demi-livre de farine, zeste d'orange râpée, deux ou trois cuillerées de crême double ; lorsque ce mélange est fini, amalgamez légèrement les dix blancs d'œufs fouettés et cuisez comme les blinis ; mettez-les à mesure dans une casserole

d'argent, saupoudrez de sucre fin et servez avec une
saucière de confiture quelconque.

BEIGNETS LIVONIENS.
(Blinis Lifliandski.)

Préparez un appareil à soufflé à la vanille, auquel
vous ajoutez pour moitié de la marmelade d'abricots
avant d'y incorporer les blancs fouettés; lorsque
ceux-ci sont mêlés, cuisez dans de petits poêles à
blinis, et à mesure qu'ils sont cuits, accouplez-les en
les collant avec de la marmelade d'abricots, rangez-
les à mesure sur un plat d'argent bien chaud, saucez
d'un peu de sauce abricot au Madère, et envoyez-en
une saucière à part.

SOUFFLÉ LITHUANIEN.
(Soufflé Litowski.)

Cuisez un appareil de soufflé à la vanille, mêlez pour
moitié de la purée de framboise pendant qu'il est encore chaud et dix jaunes d'œufs, cuisez encore quelques minutes et laissez refroidir; pendant ce temps,
beurrez et panez un moule à charlotte uni, garnissez
le fond et les parois de pannequets, mettez un sixième
de l'appareil dans le moule, recouvrez d'un seul pannequet et continuez ainsi jusqu'à ce que le moule soit
plein, recouvrez enfin d'un dernier pannequet, et une

demi-heure avant de servir, mettez au four chaud, démoulez sur serviette et envoyez avec une saucière de confiture de framboise entière.

GELÉE MOSCOVITE.

(Gelée Moskowskaï.)

La gelée moscovite est simplement une composition de n'importe quelle gelée, avec cette seule différence, que la colle de poisson ou gélatine y entre pour un tiers de moins que pour les autres ; vous la frappez à la glace ordinaire, et une demi-heure avant de servir vous ajoutez un peu de gros sel à l'entour du moule afin de faire glacer votre gelée qui, lorsque vous la démoulez, doit former une croûte glacée et naturellement terne ; quant à l'intérieur, il doit être moelleux. On peut mélanger des fruits à ces sortes de gelées, ou les entourer lorsqu'elles sont démoulées.

GELÉE DE CANNEBERGE.

(Gelée is Kloukwa.)

Écrasez et délayez avec un peu d'eau une livre de kloukwa, extrayez-en le jus pour le filtrer à la chausse, finissez comme une gelée ordinaire. On se sert beaucoup en Russie de ce petit fruit pour en composer des boissons rafraîchissantes.

KISSEL DE CANNEBERGE.

(Kissel is Kloukwa.)

Écrasez deux livres de canneberges dans un mortier, ajoutez à peu près trois bouteilles d'eau et pressez dans une terrine à travers une serviette, mettez dans une casserole six cuillerées à bouche de fécule, mélangez le jus, ajoutez du sucre en pain et tournez sur le feu ; lorsque cela bout, vous devez obtenir une composition épaisse et transparente. Si vous voulez le servir chaud, vous le versez dans une casserole d'argent et l'envoyez avec une saucière de crême double très-épaisse ; mais si au contraire vous voulez le servir froid, vous versez de l'eau froide dans un moule à gelée ; pour bien le mouiller partout, vous jettez l'eau et versez de suite l'appareil tout chaud dans le moule, mettez à la glace et démoulez sur serviette ; cela doit se démouler seul sans le tremper à l'eau chaude, ce n'est que l'eau froide dont vous avez d'abord humecté le moule qui empêche l'appareil de s'attacher.

On fait de ces kissels au sirop de toute espèce de fruits, ainsi qu'au lait d'amandes, noix, noisettes, etc., etc., et l'on sert toujours avec une saucière de crême double ou de confiture.

SAGOU AU VIN ROUGE.

(Sago na krassnome wino.)

Lavez et blanchissez du sagou blanc, lorsqu'il a jeté un bouillon rafraîchissez-le, égouttez et remettez dans une casserole avec une bouteille de bon Bordeaux, un peu de canelle en poudre, faites cuire doucement en remuant de temps en temps ; lorsqu'il est cuit mêlez-y une quantité suffisante de sucre en poudre, servez dans une casserole d'argent.

GELÉE PANACHÉE A LA RUSSE.

(Gelée Yaralasche pa Rousski.)

Préparez des petites portions de diverses gelées de plusieurs nuances, tels que cerises, oranges, groseilles, ananas, sirop de violettes, mettez toutes ces gelées à la glace séparément, vous aurez de la gelée de citron bien limpide dont vous garnissez le fond d'un moule à charlotte sur glace, démoulez vos autres petites gelées sur une serviette, taillez des petits morceaux carrés ou en losanges que vous mettez dans votre moule sans symétrie, versez un peu de gelée de citron dessus et lorsqu'elle est prise, remettez des petits morceaux de gelée et ainsi de suite jusqu'à ce que votre moule soit plein, couvrez bien de glace et laissez prendre ; au moment de servir trempez le moule à l'eau tiède et démoulez sur un plat d'argent très-froid, garnissez le pied de prunes de reine-claude et mirabelles.

CRÊME PANACHÉE A LA RUSSE.

(Crême Yaralasche pa Rousski.)

Taillez un salpicon un peu gros de fruits confits, tels qu'ananas, pêches, abricots et prunes de reine-claude, ajoutez quelques cerises, fraises et framboises, passez dans une casserole un quart de colle de poisson fondue, ajoutez une demi-livre de sucre en poudre, tournez sur la glace et amalgamez une quantité suffisante de crême fouettée très-ferme ; lorsque ce mélange est bien fait, mêlez-y les fruits et versez dans un moule sur glace ; laissez prendre assez ferme et démoulez ensuite sur serviette : servez avec une saucière de marmelade d'abricots au marasquin.

MOUSSE A LA RUSSE.

(Gelée wsbitié po Rousski.)

Prenez une composition de gelée quelconque que vous fouettez dans un bassin d'office sur la glace, lorsqu'elle commence à épaissir, versez-la dans un moule à gelée déjà préparé sur la glace, laissez prendre et démoulez sur un plat d'argent très-froid, garnissez le tour de fruits divers.

MELON ET MELON D'EAU GARNIS DE GELÉE.

(Dinnié i Arbouse s' gelée.)

Prenez un melon ou un melon d'eau dont vous enlevez le dessus pour le creuser ensuite et bien l'essuyer intérieurement, mettez dans la glace pilée, et lorsque cette écorce est bien froide, garnissez-la d'une gelée quelconque ou macédoine de fruits ; servez sur serviette.

KOUTIA DE RIZ.

(Koutia is Risse.)

Lavez et blanchissez six onces de riz, lorsqu'il est blanchi, rafraîchissez-le et mettez-le de nouveau à cuire avec un peu d'eau ou de lait d'amandes ; lorsqu'il est cuit, égouttez-le dans une passoire (les grains doivent se détacher), dressez-le sur un plat en pyramide, garnissez avec quelques grains de raisin de Smyrne ou Malaga, et entourez la base de petits morceaux de sucre carrés. (Ce plat est ordinairement commandé dans les familles russes pour la célébration d'un anniversaire de mort, et envoyé à la chapelle.)

PUNCH A LA RUSSE.

(Jjonka pa Rousski.)

Versez dans un bol d'argent deux bouteilles de Champagne, un moyen ananas frais épluché et coupé en tranches dans toute sa largeur; ajoutez une livre de sucre raffiné sur lequel vous versez un demi-verre ordinaire de kirschwasser, mettez-y le feu et laissez brûler jusqu'à ce que le punch soit bien chaud; ensuite versez dans les verres à punch avec une tranche d'ananas dans chaque verre; on le fait aussi avec du rhum ou vieux cognac en place de kirsch, et avec une macédoine de fruits.

TABLE POUR LA NUIT DE PAQUES.

Il est d'usage dans toutes les familles russes en général, et n'importe dans quel pays elles se trouvent,
d'avoir au retour de la messe de minuit qui se
célèbre dans la nuit du samedi saint au dimanche
de Pâques, une table toute dressée et couverte en am-
bigu, de plats froids, pâtisseries, dessert, etc., et
quelquefois aussi d'un ou deux plats chauds; on passe
aussi quelques consommés; enfin, la table peut être
couverte de tous les mets suivants par un ou par deux,
selon la quantité des personnes, et selon les ordres
que l'on aura reçus.

2 pasques de fromage;
2 plats d'œufs colorés;
2 koulitsches;
2 agneaux en beurre;
2 jambons froids à la gelée;
2 agneaux farcis à la gelée;
2 hures de sangliers froides à la gelée;
2 cochons de lait farcis à la gelée;
2 rôtis chauds de volaille ou gibier;

2 cuisseaux de veau chauds ou froids;

2 babas;

2 buissons de gâteaux polonais, dits plietzkis;

10 salières de sel béni (dit *tschetwergowaï sole*).

Je donnerai ici la description des plats ci-dessus, à l'exception de ceux qui sont connus de tout le monde, tels que jambons, hures de sanglier, rôtis chauds, cuisseaux de veau et babas, et qui du reste ne sont pas aussi indispensables que ceux dont je vais ci-après donner les recettes.

PASKHAS DE FROMAGE BLANC.

(Paskhas is Twarogue.)

Prenez, le matin du samedi saint, quatre livres de fromage blanc, dit présure; enveloppez-le dans une serviette, serrez bien et mettez sous presse pendant deux heures, ensuite passez-le au tamis de Venise. Mettez dans une terrine, ajoutez deux livres de smitane (crême aigre), une demi-livre de beurre fin fondu, un peu de sel, un quart de livre de sucre en poudre; lorsque vous avez bien mêlé le tout ensemble, vous aurez un moule en bois (1), qui ne sert qu'à cet usage (ce sont quatre planchettes en forme de

---

(1) On trouvera de ces moules chez M. Trottier, rue Saint-Honoré, 4.

pyramide de dix-huit centimètres de largeur à la
base et sept à la cîme, sur vingt-six de hauteur, ces
quatre planchettes se réunissent en carré par des
échancrures combinées sur les angles et qui s'encla-
vent l'une dans l'autre; les quatre faces intérieures
sont sculptées en creux fortement prononcés, et re-
présentent la croix grecque et quelques attributs de la
passion, tels que l'échelle, les clous, l'éponge, etc.);
vous mettrez dans ce moule un carré de mousseline
que vous appuyez sur les parois du moule en l'enfon-
çant jusqu'au fond, emplissez avec l'appareil décrit
plus haut, reployez dessus la mousseline qui dépasse,
couvrez avec un petit plafond, et mettez un poids de
dix livres et laissez passer la journée sous presse,
après quoi vous le démoulez sur serviette; enlevez
la mousseline avec précaution, pour ne pas détério-
rer la sculpture qui doit se trouver en relief; garnissez les quatre angles d'un rang de raisin de Smyrne,
et mettez des œufs colorés tout autour de la base.

Il est d'usage d'incruster, sur ces œufs, à l'aide
de la pointe d'un canif, l'inscription suivante :

ХРЙСПОСЪ
ВОСКРЕСЕ́НІЕ
хрйспосъ Воскресе́ніе

GATEAU DE PAQUES.

(Koulitsche.)

Mettez dans une grande terrine tiède trois livres de belle farine. Faites un puits dans le milieu, mettez un peu de bonne levure que vous délayez avec du lait tiède en y mêlant un peu de farine pour en former un levain ordinaire, couvrez la terrine et mettez dans un endroit tempéré à revenir pendant cinq quarts d'heure, après quoi ajoutez une livre de beurre fondu légèrement, dix œufs entiers, un quart de sucre en poudre, une pincée de sel, et battez bien jusqu'à ce que la pâte ne s'attache plus ni à la terrine, ni aux mains ; ajoutez peu à peu deux livres de farine et mêlez toujours en battant avec légèreté, ajoutez une poignée de smyrne, corinthe et malaga bien épluchés et mettez de nouveau à revenir ; lorsqu'elle est bien revenue, versez-la sur la table farinée, moulez-la tout d'une pièce et mettez-la tout simplement dans un grand plat à sauter très-large et beurré ; avec un peu de la même pâte que vous aurez d'abord retirée : en la moulant vous faites des bandes longues roulées, dont vous formez un décor sur le gâteau, selon votre idée ; laissez revenir une demi-heure, après quoi vous le dorez à la dorure sucrée ; parsemez dessus quelques amandes hachées et mettez au four, jusqu'à ce qu'il soit cuit d'une belle couleur. Il est d'usage de piquer dessus quelques grosses roses artificielles.

OEUFS COLORÉS.
(Yaitsa Kraschèniê.)

On sert non seulement des œufs rouges, mais encore d'autres couleurs tels que roses, jaunes, bleus et marbrés; pour ceux de couleur simple on fait une infusion de bois de sandal dans laquelle on met quelques grains d'alun, laissez refroidir, pendant ce temps lavez les œufs en les frottant avec un peu de sel et mettez-les à mesure dans l'eau fraîche, ensuite plongez-les avec précaution dans l'infusion et faites cuire dix minutes, retirez du feu et laissez les œufs encore un quart d'heure dans la cuisson, après quoi vous les retirerez pour les essuyer deux fois, la première fois avec une serviette légèrement huilée, et ensuite avec une serviette sèche; on les enveloppe aussi de pelures d'oignon avant de les cuire, ou de petits morceaux d'étoffes de soie de diverses couleurs; de cette manière on obtient des œufs marbrés, on les dresse en buisson sur une serviette.

AGNEAU DE BEURRE.
(Baraschke is Massla.)

Prenez un morceau de beurre d'à peu près deux livres, lavez-le dans une terrine d'eau à la glace, mettez-le sur un petit plafond et donnez-lui la forme d'un agneau couché, formez la toison avec du beurre pressé à travers un torchon, marquez les yeux avec deux petits points de truffes, une feuille de rameau dans la bouche et glissez-le sur un petit socle en sain-doux préparé à l'avance.

AGNEAU FARCI.
(Baraschke farchirownnie.)

Choisissez un petit agneau dont la toison soit bien blanche, enlevez-lui la tête et les quatre pieds que vous mettez de côté, farcissez l'agneau avec une farce à galantine, dans laquelle vous aurez introduit le cœur, le poumon et le foie, taillés en escalopes, cuisez dans une serviette comme de coutume, mettez en, presse, taillez quelques tranches que vous remettez à leur place, glacez partout avec une belle glace de viande, posez-le sur un grand plat d'argent, placez-les quatre pieds et la tête de manière à ce qu'il figure un agneau couché et garnissez de gelée.

PETITS GATEAUX POLONAIS.
(Plietzkis.)

Préparez sur une plaque beurrée une douzaine de petits cercles à flan, beurrés également; mettez dans

chaque un peu de pâte à baba très-légère, laissez revenir un quart d'heure, dorez et parsemez dessus
quelques amandes en filets, mettez au four, et en les
sortant saupoudrez d'un peu de sucre fin.

SEL DE PAQUES.

(Tschetwergowaï sole.)

Le jeudi saint, vous délayez à peu près deux livres
de sel fin avec du blanc d'œuf, de manière à en former
une pâte compacte ; mettez cette composition dans un
linge quelconque, enveloppez bien hermétiquement
et jetez dans la braise ardente du fourneau, laissez
ainsi brûler jusqu'au lendemain ; vous devez alors
trouver un petit bloc de sel calciné, et naturellement
dépourvu du linge qui l'entourait, pilez ce bloc et
passez au tamis pour en garnir les salières.

Le soir du samedi saint, on porte à l'église ces
plats tout dressés, tels que paskas, koulitsches, œufs,
agneaux de beurre, sel, etc., etc., pour les faire bénir
avant de les mettre sur table.

MENUS JOURNALIERS

DINERS MAIGRES AVEC ET SANS POISSON

1

Potage brunoise à la purée de lentilles.

Petites croustades de pain garnies de filets de gou-jons–perches.

Filets de soudac à la Provençale.

Matelote de truite.

Croquettes de pommes de terre à la béchamel.

Navagas frits.

Gelée de canneberge.

2

Potage de nouilles au lait.

Petits pâtés Moscovites.

Sterlets à l'étouffade.

Sauté de filets de perches aux champignons.

Asperges au sabayon.

Lavarets (siguis) grillés à l'anglaise.

Blanc manger d'amandes.

3

Borsche au poisson.

Croquettes de riz au parmesan.

Soudac à la Hollandaise.

Vol-au-vent garni de queues d'écrevisses.

Topinambours au beurre fondu.

Petites brêmes rôties au Porter.

Gelée de fruits.

4

Potage d'orge au sigui.

Petits rastegaïs Russes.

Darne d'esturgeon à l'étouffade.

Tourte de soudac et foies de lotte.

Petits pois à la Française.

Eperlans frits.

Gelée d'oranges.

5

Bisque d'écrevisses au maigre.

Croustades de sarrasin garnies de champignons.

Soudac froid garni de vinaigrette.

Selianka au saumon fumé.

Carassins frits.

OEufs brouillés aux pointes d'asperges.

Petits gâteaux d'amandes.

6

Potage purée de brochet aux quenelles.

Petits vol-au-vents garnis d'une macédoine de légumes.

Mayonnaise de tanches à la Provençale.

Chartreuse de saumon à l'Allemande.
Navets farcis à la béchamel.
Soudacs frits.
Pudding de fruits.

7

Potage rossolnick d'esturgeon.
Coulibiac aux siguis.
Aspic de sterlets sauce raifort.
Côtelettes de poisson à la pojarski.
Lentilles à la maître-d'hôtel.
Perches frites.
Compote de poires et prunes.

8

Potage purée de pommes de terre aux ravioles.
Petits pâtés russes aux choux,
Filets de soudac gratinés à la Normande.
Matelote de tanches à la Bordelaise.
Choux farcis de sarrasin et gribouis.
Turbotins frits.
Croûtes grillées à la marmelade d'abricots.

9

Potage de lotte à l'oseille.
Tourte de poisson au beurre d'anchois.
Vinaigrette à la Russe.
Filets d'esturgeon à l'Italienne.

Siguis au Porter.

Blinis aux confitures.

10

Potage purée d'oignons aux quenelles.

Coulibiac de sarrasin à la Russe.

Albe (*beleribitza*) à la Provençale.

Soudac à la sauce tomate.

Haricots verts à l'huile.

Goujons frits.

Gelées d'angélique et cerisés.

11

Potage d'éperlans à la Livonienne.

Pâté de macaroni au saumon fumé.

Esturgeon froid sauce raifort.

Côtelettes de poisson aux pointes d'asperges.

OEufs à la trippe.

Harengs grillés.

Petits couglauffes aux confitures.

12

Schtchi au poisson.

Timbale de pannequets au sarrasin.

Saumon à la Provençale.

Côtelettes de brochet en papillotes.

Pommes de terre à la béchamel.

Tronçons d'anguilles frits.

Crême de sagou au marasquin.

13

Potage d'orge au bouillon de gribouis.

Gruau de sarrasin.

Croquette de riz aux champignons.

Choux farcis à la Russe.

Pommes de terre rissolées à l'huile

Polenta gratinée.

Kissel de kloukwa.

14

Potage purée de pois secs.

Vatrouschkis à l'oignon.

Vinaigrette de légumes.

Selanka aux champignons.

Macaroni à la purée de marrons.

Asperges au naturel.

Pommes glacées au four.

15

Schtchi maigre aux champignons.

Coulibiac au riz.

Beignets de sarrasin à la purée de betteraves.

Pommes de terre gratinées au maigre.

Choux-fleurs à l'huile.

Sagou au lait d'amande

Compote de fruits.

Il y a encore une infinité de mets dont on peut

composer des menus de dîners maigres tels que :

Potages.

Okroschka de poisson et sans poisson.

Purée de haricots blancs et autres farineux.

Nouilles et vermicelle ou semoule avec bouillon de champignons secs.

Oukha de sterlet ou esturgeon.

Batwima au saumon ou esturgeon.

Klodnik Polonais.

Crême d'orge à la smitane.

Lazagnes au bouillon de poisson.

Petits soufflés au parmesan.

Petits pâtés au riz.

Tourte de poisson au beurre d'anchois.

Petites croustades de pain au gribouis.

Vol-au-vent de poissons divers.

Pâté chaud de saumon.

Soufflés de soudac ou brochet.

Brochet farci à la Polonaise.

Pâté chaud de soudac aux fines herbes.

Niokis à l'Italienne.

Varénikis au fromage blanc.

Omelette russe (*drotschéna*).

Nalesnikis Polonais.

Kache de millet à l'huile.

Kache de semoule aux gribouis.

Brandade de morue.

Gribouis grillés à l'huile.

Timbales de nouilles, etc., etc., etc.

KISSLÉ SCHI.

Pour 60 bouteilles de kisslé schi, pesez 10 livres d'orge mondée ordinaire sur laquelle vous versez de l'eau tiède pour la tremper un peu afin de la faire gonfler, faites la même opération avec 10 livres de grains de froment, et 5 livres de grains de seigle (1) ; lorsque ces trois ingrédiens sont assez gonflés, vous y ajoutez 15 livres de farine de seigle, mêlez bien le tout ensemble et versez dans un baquet bien propre ou tonneau, versez dessus la valeur de 60 bouteille d'eau bouillante et laissez ainsi reposer cinq heures, mettez alors dedans un morceau de glace d'eau bien propre d'environ 8 ou 10 livres et laissez encore reposer cinq heures, après lesquelles vous transvasez le liquide pour y ajouter un peu de levure de bière (pour 60 bouteilles une demi-livre) délayée avec 2 livres de miel et quelques bouteilles du liquide, versez cette espèce de levain dans le kisslé schi et remuez; cette opération est pour clarifier, laissez ainsi reposer jusqu'au lendemain, tirez à clair dans une chausse ou serviette, et mettez en bouteilles bouchées, ficelées et dans un endroit frais.

(1) On trouve ces graines et farines de très-bonne qualité, chez M. Lefebvre, grainetier, 6, rue Montorgueil, à Paris.

KWASS.

Pour 60 bouteilles de kwass, faites la même opération que ci-dessus à 10 livres de seigle, 10 livres de froment et 5 livres d'orge mondée ordinaire, ajoutez lorsque ces grains sont gonflés 20 livres de farine de seigle, mêlez le tout ensemble avec de l'eau tiède pour en former une bouillie ni trop épaisse ni trop claire, mettez le tout dans un grand pot de grès et au four chaud, laissez prendre couleur; lorsque ce kache a cuit à peu près cinq heures, versez-le dans un baquet ou tonneau et mêlangez-le avec une soixantaine de bouteilles d'eau froide, laissez ainsi reposer vingt-quatre heures, après quoi vous transvasez le liquide, vous le clarifiez avec une demi-livre de levure mêlée avec deux bouteilles de Madère, laissez encore reposer quatre ou cinq heures, tirez à clair, emplissez les bouteilles dans lesquelles vous aurez soin de mettre deux grains de raisin Malaga sec, bouchez et ficelez, et conservez dans un endroit frais.

FIN.

Sceaux, imprimerie de E. Dépée.

www.ingramcontent.com/pod-product-compliance
Lightning Source LLC
Chambersburg PA
CBHW070544200326
41519CB00013B/3122